Moskau
1000 km
SOWJE
RUMÄNIEN
Bukarest
Sofia
BULGARIEN
Schwarzes Meer
Istanbul
Ankara
TÜRKEI
GRIECHENLD.
Kaspisches Meer
IRAN
SYRIEN
LIB.
Damaskus
ISRAEL
Jericho
Jerusalem
Tel Aviv
Amman
JORDANIEN
Tigris
Bagdad
IRAK
Euphrat
Basra
MEER
Kairo
Gizeh
Sakkara
Berg Sinai
VEREINIGTE
Amarna
ARAB. REPUBLIK
Karnak
Luxor
Ägypten
SAUDI-
ARABIEN
Rotes Meer
A
Nil
SUDAN

Däniken Zurück zu den Sternen

Erich von Däniken

Zurück zu den Sternen

Argumente für das Unmögliche

Mit 77 Abbildungen,
davon 19 Zeichnungen

ECON VERLAG · DÜSSELDORF · WIEN

Bearbeitung: *Wilhelm Roggersdorf*
Zeichnungen: *Alix von Meibom*

Deutsche Gesamtauflage 400 000

Gesetzt aus der 10/14 Punkt Garamond der Linotype GmbH
Gesamtherstellung: Mohndruck Reinhard Mohn OHG, Gütersloh
Printed in Germany
ISBN 3 430 11986 3

In tiefer Dankbarkeit meiner Frau
ELISABETH
und meiner Tochter
CORNELIA
gewidmet

INHALT

ÜBER ERICH VON DÄNIKEN

Erich von Däniken ist kein Wissenschaftler. Er ist Autodidakt, ein Mann also, der sich – wie der Duden erklärt – durch Selbstunterricht gebildet hat. Wahrscheinlich läßt sich dadurch ein Teil seines Erfolgs in der ganzen Welt erklären: Frei von allen Vorurteilen mußte er sich selber beweisen, daß seine Thesen und Hypothesen nicht unbegründet sind, und viele hunderttausend Leser konnten ihm auf dieser Spur in Gebiete folgen, die von Tabus umstellt und geschützt waren.

Die kühne Infragestellung aller bislang angebotenen Erklärungen für die Herkunft des Menschengeschlechts scheint überdies fällig gewesen zu sein. Erich von Däniken ist nicht der erste, der dies wagte – aber er tat es unbefangener, direkter, mutiger und ohne jene Rücksichten, die ein Fachgelehrter auf seine Kollegen oder die Vertreter benachbarter Fakultäten nehmen zu müssen glaubt. Und er bot verblüffende Antworten an.

Links: Erich von Däniken vor dem ›Tempel der Inschriften‹ in Palenque (Mexiko). Im Innern dieser Pyramide, tief unter dem Aufbau, befindet sich die Grabplatte des raketenfahrenden Gottes Kukulkan.

Männer, die unverblümt kühne Fragen stellen, die das bis dahin Gültige in Zweifel ziehen, waren zu allen Zeiten unbequem. In der Wahl der Mittel, sie mundtot zu machen, war man nie heikel. Früher verbannte man ihre Bücher in Geheimbibliotheken oder setzte sie auf den Index – heute versucht man, sie totzuschweigen oder lächerlich zu machen. Doch keine Methode war je wirkungsvoll genug, um Fragen, die an den Grund unserer Existenz rühren, aus der Welt zu schaffen.

Erich von Däniken hat die Spontaneität des Passionierten. Im Sommer 1968 las er in der sowjetischen Zeitschrift ›Sputnik‹ Aufsätze von Wjatscheslaw Saizew, wie ›Raumschiff auf dem Himalaya‹ und ›Engel in Raumschiffen‹. Auf der Stelle buchte von Däniken einen Flug nach Moskau. Professor Schklowskij, Direktor der Radio-Astronomischen Abteilung des Sternberg-Instituts von der Sowjetischen Akademie der Wissenschaften, beantwortete ihm dort seine Fragen.

Der Autor von ›Erinnerungen an die Zukunft‹ war kaum 19 Jahre alt, als ihn seine forschende Neugier zum ersten Mal nach Ägypten trieb, wo er dem Wahrheitsgehalt bestimmter Hieroglyphen auf die Spur zu kommen hoffte. Seit dieser ersten Reise im Jahre 1954 steigt er um der Klärung seiner Thesen und Hypothesen willen in Flugzeuge, wie wir in Straßenbahnen: In großen Räumen denkend, gelten ihm Entfernungen nichts, wenn nur das Ziel seiner Reisen Argumente für das Unmögliche liefert.

Wilhelm Roggersdorf

VORWORT

Zurück zu den Sternen!

Zurück? Kamen wir denn von den Sternen?

Das Verlangen nach Frieden, die Suche nach der Unsterblichkeit, die Sehnsucht nach den Sternen – all dies gärt tief im menschlichen Bewußtsein und drängt seit Urzeiten unaufhaltsam nach Verwirklichung.
Ist dieses dem Menschenwesen tief eingepflanzte Drängen selbstverständlich? Handelt es sich tatsächlich nur um menschliche ›Wünsche‹? Oder steckt hinter diesem Streben nach Erfüllung, diesem Heimweh nach den Sternen etwas ganz anderes?
Ich bin überzeugt, daß unsere Sehnsucht nach den Sternen durch ein von den ›Göttern‹ hinterlassenes Erbe wachgehalten wird. In uns wirken gleichermaßen Erinnerungen an unsere irdischen Vorfahren und Erinnerungen an unsere kosmischen Lehrmeister. Das Intelligentwerden des Menschen scheint mir nicht das Ergebnis einer endlosen Entwicklung gewesen zu sein. Dazu ist dieser Vorgang zu plötzlich vonstatten gegangen. Ich

glaube, daß unsere Vorfahren ihre Intelligenz von den ›Göttern‹ bekamen, die über Kenntnisse verfügt haben müssen, die diesen Prozeß kurzfristig gelingen ließen.
Beweise für meine Behauptung werden wir freilich kaum auf unserer Erde finden, wenn wir uns damit begnügen, mit den bisherigen Methoden der Vergangenheitsforschung zu suchen. Damit werden wir zweifellos nur die vorhandenen Sammlungen menschlich-tierischer Relikte fleißig vermehren. Jeder Fund wird sein Nummernschild bekommen, in den Vitrinen der Museen abgestellt und von Museumsdienern saubergehalten werden. Mit solchen Methoden allein aber können wir nicht dem Kern des Problems nahekommen. Denn der Kern des Problems ruht nach meiner Überzeugung in der großen Frage: Wann und wodurch wurden unsere Vorfahren intelligent?
Dieses Buch stellt einen Versuch dar, neue Argumente für meine Thesen zu liefern. Es soll ein weiterer friedlicher Anstoß zum Nachdenken über Vergangenheit und Zukunft der Menschheit sein. Zu lange haben wir es versäumt, unsere Urvergangenheit mit kühner Phantasie zu erforschen. Die letzten schlüssigen Beweise werden nicht in einer Generation erbracht werden können, aber die Mauer, die heute noch die Phantasie von der Wirklichkeit trennt, wird zunehmend brüchiger. Ich will versuchen, meinen Teil dazu beizutragen, sie mit immer neuen ungestümen Fragen zu durchlöchern. Vielleicht habe ich Glück. Vielleicht werden Fragen, wie sie auch Louis Pauwels, Jacques Bergier und Robert Charroux stellen, noch zu meinen Lebzeiten beantwortet.

Ich danke den zahlreichen Lesern meiner ›Erinnerungen an die Zukunft‹ für ihre Briefe und Anregungen. Sie mögen dieses Buch als Antwort auf ihre Ermutigung nehmen.

Ich danke allen, die mir halfen, daß mein neues Buch entstehen konnte. Ich schrieb es während meiner Untersuchungshaft im Untersuchungsgefängnis des Kantons Graubünden in Chur.

Erich von Däniken

I

WEIL NICHT WAHR SEIN DARF, WAS WAHR SEIN KANN …

Entwicklungen, die wir miterlebten – Zeugen aus bestem Hause – Ist interstellare Raumfahrt möglich? – Wir müssen den Lebensmotor abschalten können – Konstruktion eines Kyborg – Rückkehr zu den Sternen mit tausendfacher Lichtgeschwindigkeit?

Als Thomas Edison 1879 seine Kohlenfadenlampe erfunden hatte, fielen über Nacht die Aktien der Gaswerke. Das britische Parlament setzte einen Untersuchungsausschuß ein, der die Zukunftschancen der neuen Beleuchtungsmethode prüfen sollte. Sir William Preece, Direktor der Königlichen Post und Präsident der Untersuchungskommission, teilte das Ergebnis vor dem Unterhaus mit: Hausanschlüsse für elektrisches Licht seien ein reines Hirngespinst!

Heute brennen elektrische Glühlampen in jedem Haus der zivilisierten Welt.

Besessen von dem uralten Menschheitstraum, sich in die Lüfte heben und davonfliegen zu können, beschäftigte sich schon Leonardo da Vinci jahrzehntelang und insgeheim mit der Konstruktion von Flugmaschinen, die dem Urmodell des modernen Hubschraubers erstaunlich nahe kommen. Aber aus Furcht vor den Inquisitionsgerichten verbarg er seine Skizzen. Als sie dann 1797 veröffentlicht wurden, war die Reaktion einhellig: Maschinen, die schwerer als Luft sind, könnten sich niemals vom Erdboden abheben. Und noch zu Beginn unseres Jahrhunderts meinte der berühmte Astronom Simon Newcomb, es sei keine Kraft denkbar, mit der Flugmaschinen größere Entfernungen durch die Luft zurücklegen könnten.

Nur wenige Jahrzehnte später aber trugen Flugzeuge bereits ungeheure Lasten über Meere und Kontinente.

Die weltbekannte wissenschaftliche Zeitschrift ›Nature‹ kommentierte 1924 Professor Hermann Oberths Buch ›Die Rakete zu den Planetenräumen‹ mit der Bemerkung, das Projekt einer Raumfahrtrakete werde vermutlich erst kurz vor dem Aussterben der Menschheit verwirklicht. Und noch in den vierziger Jahren, als die ersten Raketen sich bereits vom Erdboden abgehoben hatten und mehrere hundert Kilometer weit geflogen waren, hielten die Mediziner jede Art von bemannter Weltraumfahrt für unmöglich, weil der menschliche Metabolismus (Stoffwechsel) dem Zustand der Schwerelosigkeit über die Dauer von mehreren Tagen nicht standhalten könne.

Nun, Raketen sind längst ein gewohnter Anblick, die Menschheit ist nicht ausgestorben, und der menschliche Metabolismus hält dem Zustand der Schwerelosigkeit entgegen allen Voraussagen offenbar durchaus stand.

Zu irgendeinem Zeitpunkt, meine ich, war die technische Durchführbarkeit aller menschheitsbewegenden neuen Ideen ›unbewiesen‹. Am Anfang stand immer die Spekulation von sogenannten Phantasten, die heftige

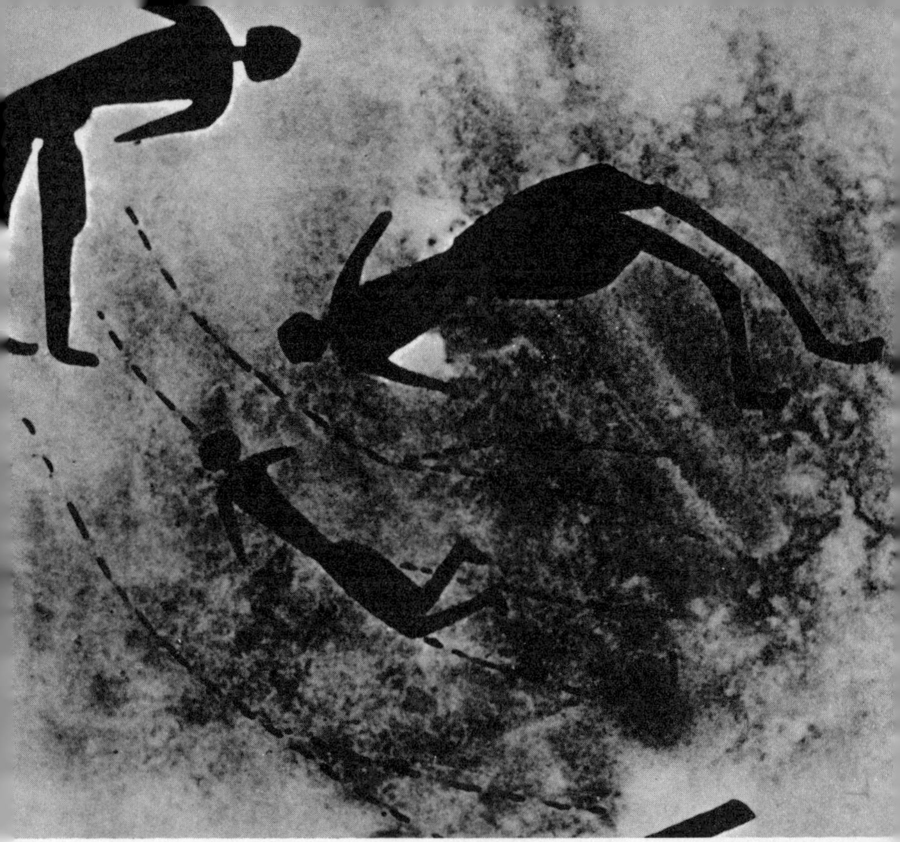

Seit grauer Vorzeit fasziniert den Menschen der Gedanke, sich vom Erdboden in die Luft erheben zu können – wie hier auf einer Steinzeit-Höhlenmalerei in der Libyschen Wüste.

Angriffe oder, was oft schwerer zu verdauen ist, das mitleidige Lächeln der Zeitgenossen zu ertragen hatten.

Ich gebe unumwunden zu, daß ich in diesem Sinne auch ein Phantast bin. Aber ich lebe mit meinen Spekulationen nicht in einer ›splendid isolation‹. Meine Überzeugung, daß in fernsten Zeiten Intelligenzen von anderen Planeten die Erde besucht haben, beziehen bereits zahlreiche Wissenschaftler aus Ost und West in den Bereich ihrer Betrachtungen mit ein.

So erzählte mir Professor Charles Hapgood bei einem meiner Aufenthalte in den USA, daß Albert Einstein, den er persönlich gekannt hatte, durchaus mit dem Gedanken eines vorgeschichtlichen Besuchs außerirdischer Intelligenzen sympathisiert habe.

In Moskau versicherte mir Professor Josif Samuilovitsch Schklowskij, einer der führenden Astrophysiker und Radioastronomen unserer Zeit, er sei überzeugt, daß die Erde wenigstens einmal Besuch aus dem Kosmos gehabt habe.

Der bekannte Weltraumbiologe Carl Sagan (USA) schließt ebenfalls die Möglichkeit nicht aus, »daß die Erde mindestens einmal im Laufe ihrer Geschichte von Vertretern einer außerirdischen Zivilisation besucht worden sei«.

Und der ›Vater der Rakete‹, Professor Hermann Oberth, sagte mir wortwörtlich: »Ich halte den Besuch einer außerirdischen Rasse auf unserem Planeten für höchst wahrscheinlich.«

Es ist erfreulich, erleben zu dürfen, daß die Wissenschaft heute unter dem Eindruck erfolgreicher Raumflüge sich intensiv mit Ideen zu befassen beginnt, die noch vor Jahrzehnten ganz und gar verpönt waren. Und ich bin überzeugt, daß mit jeder Rakete, die ins Weltall vorstößt, der hergebrachte Widerstand gegen meine ›Götter‹-These immer schwächer wird.

Noch vor zehn Jahren war es Wahnwitz, von der Existenz anderer intelligenter Lebewesen im Weltall zu

Die Figur dieser Felsmalerei aus Ti-n-Tazarift aus dem Tassili scheint in einem enganliegenden Raumfahreranzug mit Steuergeräten an den Schultern und Antennenstäben am Schutzhelm zu stecken.

sprechen. Heute zweifelt niemand mehr ernsthaft daran, daß außerirdisches Leben im All existiert. Als sich im November 1961 elf wissenschaftliche Kapazitäten nach einer Geheimtagung in Green Bank (West Virginia) trennten, hatten sie sich auf eine Formel geeinigt, die allein in unserer Galaxis bis zu 50 Millionen Zivilisationen errechnete. Roger A. MacGowan, der in Redstone (Alabama) in hoher Position für die NASA tätig ist, kommt nach Auswertung neuester Erkenntnisse sogar auf 130 Milliarden möglicher Kulturen im Kosmos.

Diese Schätzungen muten vergleichsweise bescheiden und vorsichtig an, wenn sich bestätigt, daß der ›Lebensschlüssel‹ – nämlich die Entstehung allen Lebens aus den vier Grundbasen Adenin, Guanin, Cytosin und Thymin – den ganzen Kosmos beherrscht. Danach müßte es im Universum von Leben geradezu wimmeln!

Von den Tatsachen überrollt, gibt man heute widerwillig zu, daß Raumfahrt innerhalb unseres Sonnensystems denkbar sei, sagt aber im gleichen Atemzug, daß man interstellare Raumfahrt wegen der ungeheuren Distanzen für unmöglich halte. Wie mit einem Taschenspielertrick zaubert man dann zugleich die Feststellung aus dem Hut: Da uns in aller Zukunft interstellare Raumfahrt nicht möglich sein wird, kann folglich unsere Erde auch zu keiner frühen Zeit den Besuch fremder Intelligenzen, die interstellare Räume hätten durchmessen müssen, gehabt haben. Basta!

Aber warum soll denn eigentlich interstellare Raumfahrt nicht möglich sein?

Aus den Geschwindigkeiten, die uns heute für möglich erscheinen, errechnet man, daß beispielsweise die Reise zu dem uns nächstgelegenen, 4,3 Lichtjahre entfernten Fixstern Alpha Centauri 80 Jahre dauern, also kein Mensch Hin- und Rückflug überleben würde. Stimmt diese Rechnung? Freilich, die durchschnittliche Lebenserwartung des Menschen liegt heute bei 70 Jahren. Die Ausbildung zum Weltraumpiloten ist kompliziert, vor dem zwanzigsten Lebensjahr wird auch der intelligenteste junge Mann die Meisterprüfung als Astronaut nicht ablegen können. Ist er aber über 60, wird man ihn kaum noch auf eine Weltraumexpedition schicken. Dann blieben also knapp 40 Astronautenjahre. Es klingt vollkommen logisch: 40 Jahre reichen für eine interstellare Expedition nicht aus!

Doch das ist ein Trugschluß! Schon ein simples Beispiel zeigt weshalb und demonstriert zugleich, wie sehr wir bei all unseren Zukunftsprojekten in alten Denkkategorien befangen sind. Man macht mir eine genaue Rechnung auf, deren Ergebnis beweisen soll, daß es für eine Wasserbakterie unmöglich sei, von Punkt A nach Punkt B zu gelangen, weil sich die Mikrobe nur mit der Geschwindigkeit x bewegen und weder Strömung noch Gefälle des Wassers die Geschwindigkeit x um mehr als maximal y Prozent steigern könne. Das hört sich überzeugend an. Aber es steckt ein Denkfehler in der Rechnung! Die Wasserbakterie kann nämlich auf sehr verschiedenen Wegen von A nach B gelangen. Wir können sie beispielsweise einfrieren. Dann gelangt der Eiswürfel mit der Bakterie im Flugzeug von Punkt A nach B! Man taut das Eis auf, und die Mikrobe ist am Ziel! Ja, antwortet man mir, wenn Sie den Lebensmotor abschalten! Mir scheint das eine durchaus mögliche und noch dazu höchst praktische Methode für den Transport der Mikrobe zu sein – wie ich auch meine (und deshalb gab ich dieses Beispiel), daß wir genau jenen Status erreicht haben, an dem wir veraltete Methoden durch neue ersetzen müssen.

Meine Prognose, daß in gar nicht so ferner Zukunft Astronauten für ihre interstellaren Flüge eingefroren, zu einem festgesetzten Termin wieder aufgetaut und funktionsfähig gemacht werden können, ist trotz aller Einwände, die man dagegen vorbringt, gewiß kein Hirngespinst. Professor Alan Sterling Parkes, Mitglied des ›National Institute for Medical Research‹ in London, vertritt die Ansicht, daß die medizinische Wissenschaft schon zu Beginn der 70er Jahre die Methode perfekt beherrschen wird, Organe für Verpflanzungen bei tiefen Temperaturen unbegrenzt zu konservieren.

Nun, aus Teilen ergab sich noch immer das Ganze, und deshalb bin ich von meiner Prognose überzeugt.

Bei allen Tierversuchen stellt sich immer wieder die bisher ungelöste Aufgabe, die ohne Sauerstoffzufuhr schnell absterbenden Gehirnzellen am Leben zu erhalten. Wie ernsthaft man an der Lösung dieses Problems arbeitet, zeigt schon die Tatsache, daß sich Forschungsteams der US-Luftwaffe, der US-Marine, aber auch Firmen wie ›General Electric‹ und ›RAND Corporation‹ in Permanenz damit befassen. Die ersten Erfolgsmeldungen kommen aus der ›Western Reserve School of Medicine‹ in Cleveland (Ohio): Fünf von ihren Körpern getrennte Gehirne von Rhesusaffen hat man dort bereits bis zu 18 Stunden funktionsfähig gehalten. Die separierten Gehirne reagierten zweifelsfrei auf Geräusche.

Diese Forschungen gehören in den weiten Bereich der Konstruktion eines Kyborg (Abkürzung von ›Kybernetischer Organismus‹). Der deutsche Physiker und Kybernetiker Herbert W. Franke vertrat in einem Gespräch den heute noch sensationell anmutenden Gedanken, in kommenden Jahrzehnten würden Raumschiffe ohne Astronauten auf der Reise zu fremden Planeten sein und das All nach außerirdischen Intelligenzen durchforschen. Raumpatrouillen ohne Astronauten? Franke nimmt an, daß die elektronischen Apparaturen von einem vom Menschenkörper getrennten Gehirn gesteuert werden. Dieses Solo-Gehirn würde in einer Nährflüssigkeit, die dauernd mit Frischblut ergänzt werden müßte, die Befehlszentrale des Raumschiffs sein. Franke vermutet, daß sich das Gehirn eines ungeborenen Kindes am besten für die Präparierung eignet, da es – von Denkvorgängen unbelastet – ungestört die für die speziellen Aufgaben der Raumfahrt notwendigen Normen und Informationen speichern könne. Diesem so präparierten Gehirn fehle das Bewußtsein, ›menschlich‹ zu sein. Herbert W. Franke: »Erregungen, wie wir sie kennen, wären dem Kyborg fremd. Für ihn gäbe es keine Gefühle. Das menschliche Einzelhirn avanciert zum Gesandten unseres Planeten.« Auch Roger A. MacGowan prognostiziert einen Kyborg, halb Lebewesen, halb Maschine. Nach Ansicht dieses wissenschaftlichen Praktikers wird der Kyborg schließlich zu einem kompletten elektronischen ›Wesen‹ avancieren, dessen Funktionen in einem Solo-Gehirn programmiert sind und von diesem in Befehle umgesetzt werden.

Der Frankfurter Jesuit Paul Overhage, der einen großen Ruf als Biologe genießt, sagte über dieses phantastische Zukunftsprojekt: »Man wird wohl kaum am Gelingen zweifeln können, weil der rapide Fortschritt der Biotechnik derartige Experimente immer mehr erleichtert.«

Molekularbiologie und Biochemie haben in den beiden

letzten Jahrzehnten in Zeitraffergeschwindigkeit Entwicklungen begonnen und zu Ende geführt, die wesentliche Teile alter medizinischer Erkenntnisse und Methoden buchstäblich auf den Kopf stellten. Die Möglichkeit, den Prozeß des Alterns zu verlangsamen oder zeitweilig ganz zu unterbrechen, liegt greifbar nah, und auch die phantastische Konstruktion eines Kyborg ist heute schon aus dem Bereich der reinen Utopie herausgerückt.

Natürlich bringen diese Projekte ethische und moralische Probleme mit sich, deren Lösung möglicherweise größere Schwierigkeiten machen wird als die medizinisch-technische Aufgabe selbst. Aber all dies wird kaum noch eine Rolle spielen, wenn man die andere, außerordentlich wahrscheinliche Möglichkeit ins Auge faßt, daß es eines Tages Raumfahrzeuge geben wird, die so unvorstellbare Geschwindigkeiten erreichen, daß kosmische Entfernungen auch bei normalem Ablauf des Alterungsprozesses von Astronauten durchmessen werden können. Die Lösung dieses technischen Phänomens liegt in der wissenschaftlich bereits voll anerkannten Zeitdilatation.

Dies müssen wir erkennen und begreifen: Für die Teilnehmer an einer interstellaren Raumfahrt spielen ›Erdenjahre‹ überhaupt keine Rolle! In einem Raumschiff, das sich nur knapp unter Lichtgeschwindigkeit bewegt, ›kriecht‹ die Zeit nur langsam dahin im Vergleich zu der Zeit, die auf dem Startplaneten weiter dahinrast. Das läßt sich mit mathematischen Formeln präzise errechnen. So unglaublich es scheint, man muß an diese Berechnungen nicht glauben; sie sind erwiesen.

Wir müssen uns von unserer Vorstellung von Zeit, nämlich der Erdzeit, frei machen. Durch Geschwindigkeit und Energie läßt sich Zeit manipulieren. Unsere raumfahrenden Kindeskinder werden die Zeitbarrieren sprengen.

Zweifler an der technischen Möglichkeit interstellarer Raumfahrt tragen ein Argument vor, das eine genaue Prüfung verdient. Sie sagen: Selbst wenn eines Tages Raketentriebwerke gebaut werden, die eine Geschwindigkeit von 150 000 km und mehr in der Sekunde erreichen, bliebe auch dann noch interstellare Raumfahrt unmöglich, weil bei einem solchen Tempo bereits das winzigste Partikelchen im All, das auf die Außenhülle des Raumschiffs träfe, die vernichtende Durchschlagskraft einer Bombe haben würde. Dieser Einwand ist heute zweifellos nicht von der Hand zu weisen. Doch wie lange noch? In den USA und der UDSSR ist man bereits mit der Entwicklung elektromagnetischer Schutzringe beschäftigt, welche die im Weltraum schwebenden gefährlichen Partikel vom Raumschiff ablenken sollen. Diese Forschungsprojekte sind inzwischen zu wesentlichen Teilergebnissen gekommen.

Die Zweifler meinen überdies, eine Geschwindigkeit von mehr als 300 000 km in der Sekunde gehöre vollends in den Bereich der Utopie, da Einstein bewiesen habe, daß die Lichtgeschwindigkeit die absolute Grenze der Beschleunigung darstelle ... Auch dieses Gegenargument ist nur dann stichhaltig, wenn man davon ausgeht, daß die Raumschiffe der Zukunft wie bisher mit der Energie von Millionen Litern Treibstoff vom Boden abgehoben und mit dieser Energiequelle ins All getragen werden müssen. Radargeräte operieren heute mit Wellen von 300 000 km Geschwindigkeit in der Sekunde. Was aber haben Wellen mit dem Antrieb von Zukunftsraumschiffen zu tun?

Die beiden Franzosen Louis Pauwels und Jacques Bergier beschreiben in ihrem Buch ›Der Planet der unmöglichen Möglichkeiten‹ das phantastische Forschungsprojekt des sowjetischen Wissenschaftlers K. P. Stanjukowitsch, der Mitglied der ›Kommission für interplanetaren Verkehr‹ der Akademie der Wissenschaften der UDSSR ist. Stanjukowitsch plant eine Raumsonde, die durch Antimaterie angetrieben wird. Da sich eine Sonde um so mehr beschleunigen läßt, je schneller die Teilchen an ihr emittiert werden, kamen der Moskauer Professor und sein Team auf den Gedanken, eine ›Fliegende Lampe‹ zu konstruieren, die mit der Emittierung von Licht anstelle glühender Gase arbeitet. Die Geschwindigkeiten, die sich dadurch erreichen lassen, sind ungeheuerlich. Dazu berichtet Bergier: »Die Insassen einer solchen Fliegenden Lampe würden überhaupt nichts merken. Die Schwere im Raumschiff wäre die gleiche wie an der Erdoberfläche. Die Zeit würde nach ihrem Gefühl gleichmäßig ablaufen. Aber in wenigen Jahren wären sie bis zu den fernsten Sternen gelangt. Nach einundzwanzig Jahren (ihrer Zeitrechnung) wären sie im dichten Kern unseres Milchstraßensystems, das 75 000 Lichtjahre von der Erde entfernt ist. In achtundzwanzig Jahren kämen sie zum Andromedanebel, der uns nächsten Galaxis; ihre Entfernung von uns beträgt 2 250 000 Lichtjahre.«

Professor Bergier, weltanerkannter Wissenschaftler, betont, daß diese Berechnungen nichts, aber auch gar nichts mit Science-fiction zu tun haben, da Stanjukowitsch im Labor eine Formel verifiziert habe, die jeder nachprüfen könne, der mit einer Logarithmentafel umzugehen verstünde. Einer solchen Rechnung nach Moskauer Muster zufolge vergehen für die Besatzung der ›Fliegenden Lampe‹ nur 65 Jahre kosmischer Zeitrechnung, während auf unserem Planeten $4^1/_2$ Millionen Jahre verstreichen!

Im dunklen Schoß der Zukunft bereitet sich eine Entwicklung vor, deren Auswirkungen auch ich mir bei kühnster Phantasie nicht vorzustellen vermag. Im Jahre 1967 veröffentlichte Gerald Feinberg, Professor für theoretische Physik an der Columbia-Universität in New York, in dem wissenschaftlichen Fachblatt ›Physical Review‹ seine Tachyonen-Theorie (Tachyon kommt von dem griechischen Wort tachys = schnell). Es handelt sich hierbei keinesfalls um utopische Betrachtungen, sondern um eine ernsthafte wissenschaftliche Untersuchung. An der Eidgenössischen Technischen Hochschule in Zürich werden darüber bereits Kollegs gehalten!

Die Tachyonen-Theorie in kurzen Worten dargestellt: Nach Einsteins Relativitätstheorie wächst die Masse eines Körpers in Relation zur Zunahme seiner Geschwindigkeit. Eine Masse (= Energie), die Lichtgeschwindigkeit erreicht, würde unendlich groß. Feinberg erbrachte den mathematischen Nachweis, daß es ein ›Pendant‹ zur Einsteinschen Masse gibt, Teilchen nämlich, die sich unendlich schnell bewegen, aber langsamer werden, wenn sie sich der Lichtgeschwindigkeit nähern. Tachyonen sind, nach Feinberg, billionenfach schneller als das Licht, doch hören sie zu existieren auf, wenn sie auf oder unter Lichtgeschwindigkeit reduziert werden.

Wie die Relativitätstheorie (ohne die heute Physik und Mathematik gar nicht mehr arbeiten könnten) jahrzehntelang nur mathematisch bewiesen war, sind auch Tachyonen zur Zeit noch nicht experimentell, sondern nur mathematisch nachweisbar. Am experimentellen Nachweis arbeitet Feinberg.

Zukunftsvertrauend wie ich bin, geht meine Phantasie mit mir durch, wenn ich von solchen Forschungen höre. Nur zu oft in der Vergangenheit der letzten hundert Jahre erlebten wir das Unmögliche schließlich als industriell hergestelltes Produkt. Darum darf ich einmal einen Gedanken ausspinnen, der – wie gesagt – noch im Stadium erster Anfänge ist.

Was könnte geschehen?

Wenn es gelänge, Tachyonen künstlich zu erzeugen oder ›einzufangen‹, ließen sie sich auch in Antriebsenergie für Raumsonden umsetzen. Dann würde, so vermute ich, ein Raumschiff zunächst mit Hilfe eines Photonentriebwerks auf Lichtgeschwindigkeit gebracht werden. Sobald diese erreicht ist, werden Computer automatisch auf das Tachyonentriebwerk umschalten. Wie schnell wird dann das Raumschiff reisen? Mit hundertfacher, mit tausendfacher Lichtgeschwindigkeit? Niemand weiß das heute; man vermutet, daß beim Überschreiten der Lichtgeschwindigkeit der sogenannte Einsteinsche Raum verlassen und das Raumschiff in einen noch nicht defi-

Ein Denkmal für die raumfahrenden ›Götter‹? Auf dieser Stele von Santa Lucía Cotzumalhuapa (Guatemala) ist vor allem die Figur unten rechts interessant: Sie ist wie ein moderner Raumfahrer gekleidet.

nierten übergelagerten Raum geschleudert wird. In dieser wirklichen Sternstunde der Raumfahrt aber wird der Faktor Zeit fast bedeutungslos werden.

Ich weiß von vielen Forschungsgebieten, deren Resultate letztlich vor allem der interstellaren Raumfahrt dienen. Ich war in manchen Labors und habe mit den Wissenschaftlern gesprochen. Niemand kennt die Zahl der Physiker, Chemiker, Biologen, Atomphysiker, Parapsychologen, Genetiker und Ingenieure, die an Aufgaben – man faßt sie heute vielfach, wenn auch nicht ganz korrekt, unter dem Sammelbegriff ›Futurologische Forschung‹ zusammen – arbeiten, die dem Menschen den Flug zurück in die Sternenwelt ermöglichen werden.

Mir scheint es eine Fehlleistung menschlicher Selbsteinschätzung zu sein, wenn man unter den drückenden Beweisen, die die fortschreitende Technik liefert, in irgendeiner Zukunft zwar die Erforschung des kosmischen Raumes zugesteht, zugleich aber beharrlich bestreitet, daß es im Universum Intelligenzen geben kann, die bereits Jahrtausende vor uns den interstellaren Raumflug beherrschten und deshalb unseren Planeten besucht haben könnten.

Da von alters her bereits dem Schulkind die überhebliche Meinung infiltriert wird, der Mensch sei die ›Krone der Schöpfung‹, ist es freilich ein revolutionärer und offenbar auch ungemütlicher Gedanke, daß es vor abertausend Jahren schon fremde Intelligenzen gab, die der Krone der Schöpfung überlegen waren. So unangenehm der Gedanke auch sein mag – wir sollten uns mit ihm vertraut machen!

II

AUF DER SPUR DES LEBENS

Leben aus toter Materie? – Die Experimente des Dr. Stanley Miller – ›Leben‹ kann in Labors erzeugt werden – Eine Präsidentenkonferenz für ein wissenschaftliches Ereignis – Wie entstand das Weib? – Eine Erklärung für die Erbsünde

In meinen ›Erinnerungen an die Zukunft‹ formulierte ich den spekulativen Gedanken, ›Gott‹ habe den Menschen *nach seinem Ebenbild* auf dem Wege einer künstlichen Mutation geschaffen. Ich sprach die Vermutung aus, der Homo sapiens sei durch eine gezielte Mutation vom Affenstamm abgesondert worden. Wegen dieser Behauptung hat man mich attackiert.

Da Entstehung und Entwicklung des Menschen bisher nur auf unserem Planeten zurückverfolgt werden, ist meine Hypothese, außerirdische Existenzen könnten in diesen Prozeß eingegriffen haben, in der Tat kühn. Würde man diesen Gedanken in den Bereich des Möglichen einbeziehen, wäre allerdings der bildschöne Stammbaum – die Affen kletterten von den Bäumen, mutierten und wurden zum Urahn des Menschen – zerstört. Seit Charles Darwin (1809–1882) seine Selektionstheorie vorgetragen hat, schienen fortan alle fossilen Funde vom Skelett des Uraffen bis zum Homo sapiens beweiskräftige Argumente für Darwins Abstammungslehre zu sein. Als der Oberlehrer Johann Carl Fuhlrott (1804–1877) in Neandertal bei Düsseldorf einige alte Knochen fand und daraus den ›Neandertaler‹ montierte, der in der letzten Zwischeneiszeit und zu Beginn der Würm-Eiszeit, also vor etwa 120 000 bis 80 000 Jahren, gelebt hat, baute er auf diesem Fund die Theorie vom Affenmenschen auf. Die Gelehrtenwelt war nicht wenig empört. Religiös befangene Gegner der Fuhlrottschen Idee argumentierten kaum überzeugend, einen fossilen Menschen könne es nicht geben, weil es fossile Menschen nicht geben dürfe.

Außer der Spezies ›Neandertaler‹ gibt es noch viele andere Arten. Bei El Fayum in der Nähe von Kairo fand man den Unterkiefer einer Primatenform. Dieser Unterkiefer wurde ins Oligocän, in die Zeit vor 30 bis 40 Millionen Jahren, datiert. Falls das zutrifft, wäre der Beweis geliefert, daß menschenartige Wesen lange Zeit vor dem Neandertaler existiert haben müssen. Fossile Belege für Hominiden fanden sich auch in England, Afrika, Australien, auf Borneo und anderswo.

Was beweisen diese Funde?

Daß man nichts Genaues sagen kann, weil fast mit jedem neuen Fund die eben erst in die Lehrbücher eingetragenen Datierungen wieder in Frage gestellt werden. Trotz vieler Funde gilt es festzustellen, daß diese über die kontinuierlichen historischen Zusammenhänge von Herkunft und Entwicklung des Menschengeschlechts nur sehr unzureichende Anhaltspunkte liefern. Zwar läßt sich die Spur der Stammesentwicklung vom Hominiden bis zum Homo sapiens über Jahrmillionen eindeutig zurückverfolgen. Über die *Entstehung der Intelligenz* aber läßt sich bei weitem nichts so Schlüssiges feststellen. Es gibt minimale Hinweise aus grauer Vorzeit, die sich aber keinesfalls zu einem Ganzen fügen. Bisher hatte ich nicht das Glück, eine leidlich überzeugende Erklärung für die Entstehung der Intelligenz des Menschen zu bekommen. Groß ist die Zahl der angebotenen Spekulationen und Theorien, wie sich dieses ›Wunder‹ ereignet haben soll. Darum glaube ich, daß meine Theorie den gleichen Anspruch auf Beachtung und Prüfung hat.

Im Verlauf der Jahrmilliarden allen Werdens scheint die menschliche Intelligenz von einer Stunde zur anderen ›da‹ gewesen zu sein. Rechnet man in Jahrmillionen, darf man wohl sagen, daß dieses Ereignis ›plötzlich‹ stattgefunden haben muß. Eben noch Anthropoiden, schufen unsere Vorfahren in einer erstaunlich schnellen Evolution das, was man menschliche Kultur nennt. Dazu muß aber wohl plötzlich Intelligenz präsent gewesen sein! Einige hundert Millionen Jahre vergingen, bis durch natürliche Mutationen Anthropoiden entstanden. Dann aber ging eine rasante Entwicklung über die Hominiden hinweg. Mit einem Mal stellen sich vor etwa 40 000 Jahren ungeheure Fortschritte ein: Der Knüppel wird als Waffe entdeckt – der Bogen wird als Jagdwaffe erfunden – das Feuer wird als hilfreiche Kraft benutzt – Steinkeile werden als Werkzeuge eingeführt – an den Wänden der Höhlen tauchen erste Malereien auf. Zwischen ersten Zeichen einer technisierten Tätigkeit, der Töpferei, und ersten Funden in hominiden Siedlungen aber liegen 500 000 Jahre! Loren Eiseley, Professor für

Anthropologie an der Universität Pennsylvania, schreibt, daß der Mensch über Jahrmillionen hinweg aus der Tierwelt herausgetreten ist und ganz langsam menschliche Züge annahm: »Mit nur einer Ausnahme von der Regel: Sein Gehirn hat allem Anschein nach eine zum Schluß hin rapide Ausbildung erfahren, und erst dadurch entfernte sich der Mensch endgültig von seinen übrigen Verwandten.« Wer brachte uns das Denken bei?

Obwohl ich großen Respekt vor den Bemühungen der Anthropologen habe, möchte ich ganz offen sagen, daß es mich nicht besonders interessiert, für welche Vorzeiten sich aus fossilen Funden die ersten Eckzähne bei Anthropoiden oder Hominiden nachweisen lassen. Ich halte es auch nicht für so wichtig, wann der erste Homo Steinwerkzeuge benutzte. Ich halte es für ebenso selbstverständlich, daß der Ur-homo das intelligenteste Lebewesen auf unserem Planeten war, wie es mir auch logisch scheint, daß sich die Götter für eine künstliche Mutation *eben dieses Lebewesen* auswählten. Mich interessiert vielmehr, *wann* der Ur-homo zum erstenmal sittliche Wertungen wie Treue, Liebe, Freundschaft in seine Gemeinschaften einführte. Unter welchem Einfluß standen unsere Vorfahren, als sie diesen Wandel erlebten? Wer brachte ihnen Gefühle wie Ehrfurcht bei? Wer gab ihnen das Schamgefühl beim Geschlechtsakt?

Gibt es eine plausible Erklärung dafür, warum die Wilden sich plötzlich bekleideten? Man gibt Hinweise auf Klimaänderungen oder Klimaschwankungen, aber sie überzeugen mich nicht, weil es auch vorher schon Klimaschwankungen gegeben hat. Man sagt auch, die

Anthropoiden hätten sich schmücken wollen! Wenn das eine richtige Erklärung wäre, dann müßten doch ganz allmählich auch die in der Wildnis lebenden Gorillas, Orang-Utans oder Schimpansen anfangen, sich Schmuck umzuhängen oder Hosen anzuziehen.

Warum begannen die Anthropoiden, eben erst dem tierischen Dasein entwachsen, plötzlich ihre Artgenossen zu beerdigen?

Wer gab den Wilden den Rat, Samen bestimmter *wildwachsender* Pflanzen zu zerkleinern, zu zerreiben, Wasser hinzuzugeben und aus diesem Brei ein Nahrungsmittel zu backen?

Mich irritiert ganz einfach die Frage, warum Anthropoiden, Hominiden und Urmenschen Jahrmillionen nichts gelernt haben und warum der Urmensch plötzlich so viel dazulernte. Wurde über diese wichtige Frage bisher zu wenig nachgedacht?

Das Forschungsgebiet, das sich die Klärung der Abstammung des Menschen zur Aufgabe gemacht hat, ist interessant und aller Mühen wert.

Mindestens so interessant scheint mir die Frage: warum, weshalb, wodurch und ab wann der Mensch intelligent wurde.

Loren Eiseley schreibt: »Heute dagegen müssen wir annehmen, daß der Mensch erst vor ganz kurzer Zeit auftrat, weil er so explosionsartig erschien. Wir haben jeden Anlaß zu glauben, daß unbeschadet der Kräfte, die bei der Bildung des menschlichen Hirns beteiligt gewesen waren, ein zäher und sich lang hinziehender Daseinskampf zwischen mehreren menschlichen Gruppen unmöglich so hohe geistige Fähigkeiten hervorgebracht haben kann, wie wir sie heute unter allen Völkern der Erde erkennen. Irgend etwas anderes, ein anderer Bildungsfaktor muß da der Aufmerksamkeit der Entwicklungstheoretiker entgangen sein.«

Genau dies ist meine Vermutung: Ein entscheidender Aspekt ist bisher in allen Überlegungen unbeachtet geblieben. Wahrscheinlich wird es kaum möglich sein, die Lücken zu schließen, ohne die Theorie vom Besuch fremder Intelligenzen auf unserem Planeten zu untersuchen und zu prüfen, ob diese Fremdintelligenzen nicht für eine künstliche Veränderung der Erbfaktoren, für eine Manipulation des Genetischen Codes, für die Plötzlichkeit des Intelligentwerdens verantwortlich zu machen sind... Ich darf in diesem Sinne einige Linien ziehen, die meine These erhärten, daß der Mensch ein Geschöpf außerirdischer ›Götter‹ ist.

Im Jahre 1847 schrieb Justus von Liebig im 23. seiner ›Chemischen Briefe‹: »Wer jemals kohlensaures Ammoniak, phosphorsauren Kalk oder Kali betrachtet hat, der wird es zum vornherein für ganz unmöglich halten, daß aus diesen Stoffen durch die Wirkung der Wärme, Elektrizität oder anderer Naturkraft jemals ein organischer, der Fortpflanzung und höherer Entwicklung fähiger Keim sich bilden könne...« Der große Chemiker meinte weiter, daß nur ein Dilettant annehmen könne, Leben sei aus toter Materie entstanden. Heute wissen wir, daß dies doch geschah.

Die moderne Forschung nimmt an, daß vor 1,5 Milliarden Jahren erstes Leben auf der Erde entstanden ist. Professor Hans Vogel schreibt: »Damals umgab das kahle Land und den weiten Urozean eine Atmosphäre, die noch keinen Sauerstoff enthielt. Methan, Wasserstoff, Ammoniak, Wasserdampf, vielleicht auch Acetylen und Cyanwasserstoff bildeten eine Hülle um die noch lebensleere Erde. In einer solchen Umwelt mußte das erste Leben entstehen.«

Bei ihren Bemühungen, der Entstehung des Lebens auf die Spur zu kommen, versuchten die Wissenschaftler, unter den Prämissen der Uratmosphäre organische Materie aus anorganischer Materie entstehen zu lassen.

Der amerikanische Nobelpreisträger Professor Harold Clayton Urey vermutete, daß die Uratmosphäre für die Durchlässigkeit ultravioletter Strahlung ungleich günstiger beschaffen gewesen ist als die Atmosphäre, die heute die Erde umgibt. Deshalb regte er seinen Mitarbeiter Dr. Stanley Miller an, experimentell zu prüfen, ob sich in einer in der Retorte hergestellten Uratmosphäre durch Bestrahlung die für die Existenz allen Lebens notwendigen Aminosäuren bilden würden. Im Jahre 1953 begann Stanley Miller mit seinen Versuchen.

Miller konstruierte einen Glasbehälter, in dem er aus Ammoniak, Wasserstoff, Methan und Wasserdampf eine künstliche Uratmosphäre erzeugte. Damit das Experiment unter keimfreien Bedingungen ablief, ließ er die inzwischen in der Fachliteratur sprichwörtlich gewordene ›Miller-Apparatur‹ bei einer Temperatur von 180° Celsius 18 Stunden lang erhitzen. In die obere Hälfte der Glaskugel waren zwei Elektroden ein-

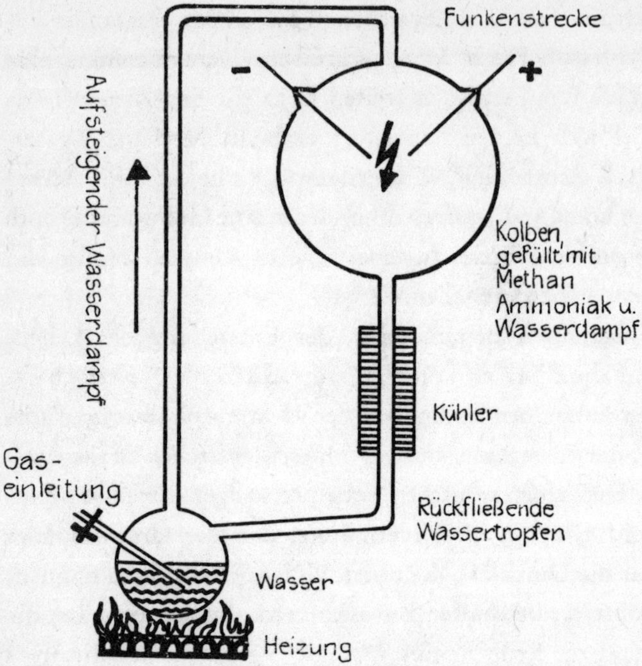

Schematische Darstellung von Millers Funkenentladungs-Apparatur.

geschmolzen, zwischen denen ständig Funken übersprangen. Mit hochfrequentem Strom von 60 000 Volt wurde so ein permanentes kleines Urgewitter in der Uratmosphäre erzeugt. In einer kleineren Glaskugel wurde keimfreies Wasser erhitzt, dessen Dampf durch ein Rohr in die große Kugel mit der Uratmosphäre geleitet wurde. Die abgekühlten Stoffe flossen wieder in die Kugel mit keimfreien Wasser zurück, wurden dort neuerlich erhitzt und stiegen wieder in die Kugel mit der Uratmosphäre auf. Miller hatte so einen Kreislauf, wie er in

Urzeiten auf der Erde stattgefunden hat, im Labor zustande gebracht. Ohne Pause lief dieser Versuch eine ganze Woche lang.

Was war unter den dauernden Blitzen des kleinen Urgewitters aus der Uratmosphäre geworden? In der zusammengekochten ›Ursuppe‹ waren Aminobuttersäure – Asparaginsäure –, Alanin und Glycin vorhanden, Aminosäuren also, die für den Aufbau von biologischen Systemen notwendig sind. Aus anorganischer Materie waren in Millers Versuch komplizierte organische Verbindungen entstanden.

Zahllose Male wurden in den folgenden Jahren Versuche auf dieser Linie unter veränderten Bedingungen wiederholt. Schließlich hatte man zwölf Aminosäuren hervorgebracht. Und nun zweifelte niemand mehr daran, daß aus der Uratmosphäre lebensnotwendige Aminosäuren entstehen können.

Andere Wissenschaftler verwendeten statt Ammoniak Stickstoff, statt Methan Formaldehyd, ja sogar Kohlendioxyd. Millers Funkenblitze wurden durch Ultraschall oder durch gewöhnliches gebündeltes Licht ersetzt. Die Resultate änderten sich nicht! Aus den so verschiedenartig aufgebauten Uratmosphären, die nicht die Spur von organischem Leben enthielten, entstanden jedesmal unter anderem Aminosäuren und stickstofffreie organische Carbonsäuren. Bei einigen Versuchen lieferte die behandelte Uratmosphäre sogar Zucker.

Wie ist dieses Phänomen zu begreifen?

Seit der Mensch denken kann, ist er bestrebt, alles, was ihn umgibt, jeweils unter dem Gesichtspunkt der

Polarität zu bewerten: Licht steht gegen Schatten – Heißes steht gegen Kaltes – Tod gegen Leben. In das weite Feld solcher polarer Bewertungen gehört es auch, alle lebende Materie als ›organisch‹ und alle unbelebte Materie als ›anorganisch‹ zu bezeichnen. Wie es zwischen extremen Kennzeichnungen viele Zwischenstufen gibt, ist es auch längst nicht mehr möglich, eine Grenze zwischen organischer und anorganischer Chemie zu ziehen.

Als sich unser Planet abzukühlen begann, bildete sich aus den leichten Stoffen, deren Gasmoleküle wild durcheinander wirbelten, das, was man ›Uratmosphäre‹ nennt. Sie bestand vorwiegend aus jenen Zutaten, aus denen Miller in Laborversuchen seine Ursuppe kochte. Durch die zunächst hohen Temperaturen der Erde und ihre geringe Gravitation verloren sich leichte Gase wie Helium und freier Wasserstoff im Weltall, während die schweren Gasmoleküle wie Stickstoff, Sauerstoff, Kohlendioxyd und auch die schwereren Edelgasatome festgehalten wurden. Wasserstoff kommt frei, in elementarer Form, so gut wie nicht mehr in unserer Atmosphäre vor; er findet sich nur in gebundenem Zustand in chemischen Verbindungen. Zwei Atome Wasserstoff bilden so zum Beispiel mit einem Atom Sauerstoff ein Molekül der lebenswichtigen Verbindung Wasser (chemisches Zeichen: H_2O).

Der Kreislauf war in Gang gekommen: Wasser verdunstete und stieg mit der warmen Abstrahlung von der Erde in Schwaden auf, die sich in großen Höhen abkühlten und als Regen niederprasselten. Dieser urweltliche Regen löste aus den heißen Gesteinskrusten anorganische Stoffe vielfacher Art und schwemmte sie ins Urmeer. Aus der Uratmosphäre lösten sich auch anorganische Verbindungen wie Ammoniak und Cyanwasserstoff ins Urmeer und beteiligten sich an chemischen Reaktionen. In Jahrmillionen reicherte sich die Erdatmosphäre mit Sauerstoff an.

Diese Entwicklung ging langsam vor sich. Die Wissenschaft ist sich heute darin einig, daß die Umwandlung der reduzierenden Atmosphäre in unsere oxydierende Atmosphäre etwa 1,2 Milliarden Jahre brauchte. Am Beginn dieser Entwicklung stand jene Ursuppe, die mit ihren zahlreichen gelösten Stoffen eine ausgezeichnete Nährlösung für das erste primitive Leben darstellte.

Es heißt, Leben sei stets an einen Organismus gebunden, im einfachsten Fall an den Organismus Zelle. Daß ein Organismus lebt, beweist sein Stoff- und Energiewechsel, zeigt sich auch in seiner Entwicklung. Funktionen machen das Leben aus. Stimmen diese heute gängigen Kriterien alle notwendig? Dann lebt ein Virus nicht: Ein Virus hat für sich allein keinen Stoff- und Energiewechsel, er frißt nicht und scheidet auch nicht aus. Er vermehrt sich nur innerhalb von fremden Zellen durch Reproduktion, er ist ein Schmarotzer.

Was also ist Leben?

Werden wir es je definieren können?

Verfolgen wir den Weg von der Entstehung des Lebens in seinen großen Etappen, dann drängt sich die Frage auf: Was ist denn mit der ersten lebenden Zelle? Grundlegend waren die Forschungen von Theodor Schwann (1810–1882) und Matthias Schleiden (1804 bis

1881). Schwann führte den Beweis, daß Tiere und Pflanzen aus Zellen aufgebaut sind – Schleiden erkannte die Bedeutung des Zellkerns. Dann machte der Augustinerprior Gregor Johann Mendel (1822–1884), der in Brünn Naturgeschichte und Physik lehrte, seine Kreuzungsversuche mit Erbsen und Bohnen. Der fortschrittliche Priester, der aus seinen beharrlichen Versuchen drei Gesetze für die Vererbung gewann, wurde zum Begründer der Wissenschaft von der Vererbungslehre. Seine Gesetze sind heute für Mensch, Tier und Pflanze unbestritten anerkannt.

Um die Mitte des 19. Jahrhunderts wurde der Nachweis erbracht, daß die Zelle Trägerin aller Lebensfunktionen ist. Dieser Nachweis wurde die Basis für alle großen biologischen Entdeckungen. Erst neue technische Methoden (Röntgenologie, Elektrophorese, Ultramikroskopie, Phasenkontrastmikroskopie usw.) ermöglichen die Untersuchung der Zelle und des Zellkerns.

In Zellen und Zellkernen vermutet man die Informationszentren für Hortung und Weitergabe der Erbanlagen. Die noch junge Forschung auf diesem Gebiet ermittelte inzwischen bei jeder Art von Lebewesen eine jeweils konstante Zahl und Form der Chromosomen. Die Chromosomen sind die Träger der Erbanlagen. Die Zellen des menschlichen Körpers beispielsweise haben 23 Chromosomenpaare = 46 Chromosomen, die der Bienen haben 8 Paare = 16 Chromosomen, die der Schafe 27 Paare = 54 Chromosomen ...

Die Eiweißmoleküle der Zellen bestehen aus Ketten von Aminosäuren. Nach dieser wissenschaftlichen Erkenntnis stand man vor einer neuen Frage: Wie entstehen aus Aminosäureketten lebende Zellen?

In Zusammenhang mit der noch nicht vollends gelösten Frage, wie Eiweiß entstehen konnte, ehe es lebende Zellen gab, schildert Rutherford Platt die Theorie, die Dr. George Wald von der Harvard-Universität vertritt: Wald nahm an, daß Aminosäuren unter bestimmten natürlichen Bedingungen selbst die Antwort geben müßten. Dr. S. W. Fox vom ›Institut für Molekular-Evolution‹, Miami, prüfte diesen Gedanken, indem er Lösungen von Aminosäuren austrocknen ließ. Fox und seine Mitarbeiter sahen, wie sich die Aminosäuren zu langen, fadenförmigen, submikroskopischen Gebilden formierten: Sie waren Kettenverbindungen eingegangen, die Hunderte von Aminosäuremolekülen enthielten. Dr. Fox nannte sie ›Protenoide‹, das sind eiweißähnliche Stoffe.

Im Anschluß an die Forschungen der Professoren J. Oró und A. P. Kimball konnten die Chemiker Dr. Matthews und Dr. Moser im Jahre 1961 aus giftiger Blausäure und Wasser Eiweißstoffe herstellen. Drei Wissenschaftler des Salk-Instituts, Robert Sanchez, James Ferris und Leslie Orgel, konnten synthetisch die für Stoffwechsel und Fortpflanzung unentbehrlichen Nukleinsäuren gewinnen, jene in den Zellkernen vorkommenden Verbindungen aus Nukleinbasen, Kohlehydraten und Phosphorsäure.

Wichtig ist, daß wir nach unserem Querfeldeinstreifzug durch Chemie und Biologie begriffen haben, daß der Aufbau eines lebendigen Organismus ein chemischer

Vorgang ist. ›Leben‹ kann in Labors erzeugt werden. Was aber haben Nukleinsäuren mit Leben zu tun?

Nukleinsäuren bestimmen den komplizierten Vorgang der Vererbung. Die Reihenfolge der vier Grundbasen: Adenin – Guanin – Cytosin und Thymin liefert den Genetischen Code für alles Leben. Mit dieser Entdeckung konnte die Chemie dem Leben einen wesentlichen Teil seines Mysteriums nehmen.

Es gibt zwei Gruppen von Nukleinsäuren, deren Abkürzungen in den letzten Jahren jedem aufmerksamen Zeitungsleser geläufig geworden sind: die RNS (Ribonukleinsäure) und die DNS (Desoxyribonukleinsäure). Beide – RNS und DNS – sind für die Synthese von Eiweiß in den Zellen notwendig. Fest steht, daß die Eiweißstoffe (Proteine) aller bis auf den heutigen Tag untersuchten Organismen aus rund 20 Aminosäuren aufgebaut sind und daß die Reihenfolge, die Anordnung der Aminosäuren in einem Proteinmolekül, durch die Reihenfolge der vier Grundbasen in der DNS festgelegt ist (= Genetischer Code).

Wissen wir auch, wie der Genetische Code aufgebaut ist, so sind wir aber noch weit davon entfernt, die in einem Chromosom niedergelegte Information lesen zu können. Der Gedanke aber, daß 20 Aminosäuren Träger allen Lebens sind und daß ihre Anordnung in Proteinmolekülen im Genetischen Code festgelegt ist, reißt Welten auf. Gordon Rattray Taylor zitiert in seinem Buch ›Die biologische Zeitbombe‹ zu diesen ungeheuren Möglichkeiten die Ansichten der Nobelpreisträger Dr. Max Perutz und Professor Marshall W. Nierenberg.

Dr. Max Perutz: »In einer einzigen menschlichen Keimzelle liegen etwa 1 000 Millionen Nucleotid-Basenpaare, auf 46 Chromosomen verteilt. Wie könnten wir ein spezifisches Gen eines bestimmten Chromosoms auslöschen oder hinzufügen oder ein einziges Nucleotidpaar ausbessern? Es scheint mir kaum realisierbar.«

Professor Marshall W. Nierenberg, der entscheidend an der Entdeckung des Genetischen Code mitarbeitete, ist ganz anderer Meinung: »Ich habe kaum Zweifel, daß die Schwierigkeiten eines Tages überwunden werden können. Die einzige Frage ist, wann. Ich würde vermuten, daß es schon innerhalb der nächsten 25 Jahre gelingt, Zellen mit synthetischen genetischen Informationen zu programmieren.«

Schließlich ist Joshua Lederberg, Professor für Genetik an der Stanford-Universität in Kalifornien, der Überzeugung, daß wir unsere Erbmasse schon in den nächsten 10 oder 20 Jahren manipulieren können.

Immerhin aber haben wir nun begriffen, daß ein Einblick in die Erbfaktoren und deren Veränderung möglich ist. Und da wir Menschen dies wissen, ist wahrhaftig nicht einzusehen, weshalb eine außerirdische Intelligenz, die Weltraumfahrt betreibt und uns also um Tausende von Forschungsjahren voraus ist, dies nicht ebenfalls wissen sollte.

Der Physiker und Mathematiker Herman Kahn, Leiter des Hudson-Instituts in New York, und Anthony J. Wiener, Berater amerikanischer Regierungsstellen und auch am Hudson-Institut tätig, zitieren in ihrem Buch ›Ihr werdet es erleben‹ die Washington Post vom 31. 10.

1966, die die effektiven Möglichkeiten einer Manipulation mit dem Genetischen Code ausmalte:

»In nur 10 bis 15 Jahren könnte eine Hausfrau in ein bestimmtes Geschäft gehen, verschiedene Päckchen, ähnlich jenen, in denen Blumensamen verkauft werden, durchsehen, und auf diese Weise ihr Kind nach der Etikette auswählen. Jedes Päckchen enthält einen eingekühlten einen Tag alten Embryo, und auf der Etikette kann der Käufer die Haar- und Augenfarbe, die zu erwartende Körpergröße und den Intelligenzquotienten ablesen. Auch wird eine Garantie gegeben, daß der Embryo keine Vererbungsmängel hat. Die Frau trägt den ausgewählten Embryo zu ihrem Arzt und läßt ihn sich einpflanzen. Hierauf wächst er neun Monate in ihrem Körper wie ihr eigenes Kind.«

Solche Zukunftsprognosen sind möglich, weil die DNS genetische Informationen für den Bau der Zelle samt allen übrigen Erbfaktoren enthält. Die DNS stellt eine perfekte Lochkarte für den Aufbau allen Lebens dar: Sie kodifiziert nämlich nicht nur die 20 Aminosäuren, sie meldet auch – wie eine für heutige Computer präparierte Lochkarte – mit ›Start‹ und ›Stop‹ Anfang und Ende einer Proteinkette. Und so wie in die Zentraleinheit eines Elektronenrechners ein ›Kontroll-Bit‹ eingespeichert wird, das die Aufgabe hat, alle Rechenoperationen zu prüfen, so werden die DNS-Ketten in den Zellen laufend auf ihre Funktion hin kontrolliert.

James D. Watson, der im Alter von 24 Jahren mit entscheidendem Griff den Aufbau der DNS erforscht hat, beschrieb inzwischen den Weg seiner Arbeit in dem Buch

›Die Doppel-Helix‹. Für die 900 Worte, mit denen Watson in ›Nature‹ die bizarre Wendeltreppe, die Form, in der das DNS-Molekül gebaut ist, beschrieb, bekam er mit seinen Mitarbeitern Francis H. C. Crick und Maurice H. F. Wilkins im Jahre 1962 den Nobelpreis. Sein Buch aber wäre um ein Haar nicht erschienen: Die Verwaltung des hochschuleigenen Verlags der Harvard-Universität war gegen die offene Art der Darstellung. Sie fürchtete, durch Watsons freimütige Schilderungen könnte der Mythos von einer asketischen wissenschaftlichen Forschung zerstört werden. Watson berichtet nämlich in schönster Freimütigkeit, daß er seinen Erfolg vor allem den Vorarbeiten und Fehlern seiner Fachkollegen verdanke.

Im Dezember 1967 gab es in Amerika ein spektakuläres Ereignis. Der damalige Präsident Lyndon B. Johnson selbst kündigte auf einer Pressekonferenz eine Leistung von Wissenschaftlern mit den Worten an:

»Dies wird einer der interessantesten Artikel sein, die Sie je gelesen haben! Eine ehrfurchtgebietende Leistung! Sie öffnet das Tor zu neuen Entdeckungen und bei der Enthüllung der fundamentalen Geheimnisse des Lebens.«

Was für ein Ereignis war so wichtig, daß sich die hohe Politik seiner annahm?

Wissenschaftlern der Stanford-Universität in Palo Alto, Kalifornien, war es gelungen, den biologisch aktiven Kern eines Virus zu synthetisieren. Nach dem genetischen Muster einer Virusart Phi X 174 hatten sie aus Nukleotiden eines jener Riesenmoleküle zusammengebaut, die alle Lebensvorgänge steuern: DNS. – Die Wissenschaftler der Stanford-Universität setzten künstliche Viruskerne in Wirtszellen. Die künstlichen Viren entwickelten sich dort wie natürliche Viren! Schmarotzer, die sie sind, trotzten sie den Wirtszellen nach dem Muster der Phi X 174 die Erzeugung von Millionen neuer Viren ab. Wie bei einem von einer viralen Infektion befallenen Organismus durchbrachen die künstlich erzeugten Viren die Wirtszellen, wenn sie deren Lebenskraft verbraucht hatten.

Nach den Informationen der DNS produziert die Zelle aus Aminosäuren in millionenfachen Kombinationen Eiweißmoleküle. Jede neue Kombination entspricht genau dem programmierten Muster. Die kalifornischen Wissenschaftler haben errechnet, daß bei etwa 100 Millionen Zellneubildungen nur ein ›genetischer Druckfehler‹ unterlaufen wird.

Knapp 15 Jahre nach der Aufklärung der DNS-Struktur durch Watson, Crick und Wilkins kam es zu dieser bedeutsamen wissenschaftlichen Entdeckung. Der Nobelpreisträger Professor Arthur Kornberg konnte mit seinen Mitarbeitern über Tausende von Kombinationen den Genetischen Code für den Virus Phi X 174 entziffern. In den Labors in Kalifornien hatte man Leben ›hergestellt‹.

Mancher Leser wird sich fragen, was diese biochemischen Umwege mit dem Thema meines Buches zu tun haben. Ich habe diese Forschungen von den ersten Meldungen an mit großer Neugier verfolgt. Warum?

Die Resultate dieser Forschungen drängten mir eine

Konsequenz geradezu auf – eine Konsequenz, die Sir Bernard Lovell, Gründer und Direktor des Radioteleskops in Iodrell Bank, England, formulierte:

»Es scheint doch in den letzten zwei Jahren, daß die Diskussion der Frage, ob es Leben außerhalb unserer Erde gebe, sowohl seriös wie wichtig geworden ist. Die Ernsthaftigkeit der Diskussion ist eine Folge der heutigen wissenschaftlichen Auffassungen, nach denen die Entwicklung unseres Sonnensystems und des organischen Lebens auf der Erde wahrscheinlich kein Einzelfall ist.«

Im Sommer 1969 berichtete ›Physical Review Letters‹, daß es amerikanischen Wissenschaftlern gelungen sei, mit dem Radioteleskop Greenbank, West Virginia, Spuren von Formaldehyd in Gas- und Staubwolken des Weltalls nachzuweisen. Formaldehyd, das unsere Chemie unter anderem zum Konservieren und Desinfizieren verwendet, ist ein farbloses, unangenehm beißend riechendes Gas. Diese bei 15 von 23 Strahlungsquellen von den amerikanischen Forschern ermittelte, bisher komplizierteste chemische Verbindung im Weltall ergänzt die Liste der Ursubstanzen, die als Bausteine des Lebens durch Aminosäuren angenommen werden. Diese Nachricht liefert neuen Zündstoff für die Vermutung, daß Leben im Kosmos vorhanden ist.

Gibt es aber Leben auf anderen Planeten, dann halte ich es für wahrscheinlich, daß fremde Kosmonauten Kenntnisse, wie wir sie eben erwerben, auf unsere Erde brachten und daß sie durch Manipulationen mit dem Genetischen Code unsere Vorfahren intelligent werden ließen.

In dem älteren Schöpfungsbericht der Bibel heißt es (1. Buch Mose, Kapitel 5, Vers 1 b bis 2):

»Da Gott den Menschen schuf, machte er ihn nach dem Gleichnis Gottes; und er schuf sie ein Männlein und Fräulein, und segnete sie, und hieß ihren Namen Mensch, zur Zeit, da sie geschaffen wurden.«

Dies könnte durch eine künstliche Mutation am Genetischen Code der Euhomininen durch fremde Intelligenzen – so meine Spekulation – geschehen sein. Dadurch hätten die neuen Menschen plötzlich auch ihre Fähigkeiten – Bewußtsein, Erinnerungsvermögen, Intelligenz, Sinn für Handwerk und Technik – erhalten.

In dem späteren Schöpfungsbericht der Bibel (1. Buch Mose, Kapitel 2, Vers 21 bis 23) finden wir für die Entstehung des Weibes eine andere Version:

»Da ließ Gott der Herr einen Tiefschlaf auf den Menschen fallen, so daß er einschlief. Und er nahm eine von seinen Rippen heraus und schloß die Stelle mit Fleisch. Und Gott der Herr baute ein Weib aus der Rippe, die er vom Menschen genommen hatte, und führte sie dem Menschen zu.

Da sprach der Mensch: ›Diese ist nun endlich Gebein von meinem Gebein (!) und Fleisch von meinem Fleisch (!). Die soll Männin heißen, denn von dem Manne ist die genommen‹ ...«

Daß das Weib aus dem Manne erschaffen wurde,

Rechts: ›Venus von Willendorf‹ ist die schmeichelhafte Bezeichnung für diese Kalksteinstatuette mit dem gesichtslosen Rundkopf.

kann durchaus möglich sein. Aber Eva wird doch wohl kaum mit einem Zaubertrick – nach einem chirurgischen Eingriff? – aus einem schmalen Knochen des männlichen Brustkorbs zu ihrer nackten Schönheit erblüht sein! Vielleicht entstand sie mit Hilfe einer männlichen Samenzelle. Da es aber der biblischen Genesis zufolge kein menschliches weibliches Wesen im Paradies gab, das den Samen hätte austragen können, müßte Eva in einer Retorte gezüchtet worden sein. Nun sind einige Höhlenzeichnungen erhalten geblieben, die kolbenähnliche Gebilde in Nachbarschaft des Ur-homo zeigen. Sollten wissenschaftlich weit fortgeschrittene Fremdintelligenzen in Kenntnis der immunbiologischen Reaktionen einen Knochen, vielleicht das Knochenmark Adams, als Zellkultur benutzt und darin den Keim zur Entwicklung gebracht haben? Für diesen biologisch möglichen Schöpfungsakt wäre freilich die im menschlichen Körper relativ leicht erreichbare Rippe der gemäße menschliche Behälter gewesen. Das ist eine Spekulation – aber eine, die nach heutigen Kenntnissen der Wissenschaft vorgetragen werden kann.

Da auch in der Bibel Eva dem Adam sehr plötzlich als Gefährtin beigegeben wird, müßten sich nach der von mir unterstellten künstlichen Erzeugung des Weibes – wiederum plötzlich – an Höhlenwänden oder auf steinzeitlichen Knochen Darstellungen weiblicher Wesen finden lassen. In der Tat bekommt eine solche Vermutung vielfache Bestätigung: Erst in der Altsteinzeit tauchen die sogenannten ›Muttergöttinnen‹ auf. Steinzeitliche Frauenfiguren fanden sich unter anderem in: La Gravette/Frankreich – Cukurca/südliche Türkei – Laussel/ Frankreich – Lespugue/Frankreich – Kostjenki/Ukraine – Willendorf/Österreich – Petersfels/Deutschland.

Jede dieser Frauenfiguren bezeichnet man schmeichelhaft als ›Venus‹. Bei fast allen Figuren haben die Künstler Wert auf die Hervorhebung der Geschlechtsmerkmale und die Sichtbarmachung von Schwangerschaften gelegt. Die Archäologie rechnet diese altsteinzeitlichen Frauendarstellungen zu den Gravettien. Wir erfahren nicht, welchem Zweck sie gedient haben können und auch nicht, warum sie ausnahmslos erst in der Altsteinzeit auftauchen. Es ist denkbar, daß der Entstehungsprozeß des Urhomo sich an verschiedenen Stellen der Erde auf verschiedene Weise vollzog: Durch gezielte Mutation des Genetischen Code der Euhomininen und durch künstliche Erzeugung eines weiblichen Wesens und dessen Aufzucht in einer Retorte.

Die ›neuen‹ Menschen paarten sich trotzdem später wieder mit Tieren. Diese neuerlichen Fehltritte muß man wohl dem alten Adam anlasten, weil nur er eine Erinnerung an die Paarung mit affenähnlichen Tieren hatte. Nach der künstlichen Mutation aber hätte die Paarung unter den neuen Menschen erfolgen müssen. Nun war nämlich jeder ›Seitensprung‹ zur früheren Paarung mit Tieren – wenn er zur Fortpflanzung führte – ein Rückschritt. Kann man in diesem Rückfall den Sündenfall erkennen? War er nicht gleichsam *Erbsünde* gegen den Aufbau der der neuen Art gemäßen Zellen?

Die ›Götter‹ haben – wir werden noch darüber sprechen – einige tausend Jahre später diesen ›Sündenfall‹

Mensch oder Tiermensch? Diese Skulptur ist in der Archäologie als der ›Mann mit dem Welskopf‹ bekannt.

korrigiert: Sie vernichteten die Menschentiere, sonderten eine gut erhaltene Gruppe neuer Menschen ab und pflanzten ihnen durch eine zweite künstliche Mutation neues genetisches Material ein.

Der Paläanthropologie ist das plötzliche, fast rasante Ausscheren der Neanthropinen, jener Homo-sapiens-Gruppe, der wir zugehören, aus der Familie der Prähominiden, die noch Vormenschenformen präsentierte, ebenso rätselhaft. Man erklärt den Vorgang bisher behelfsweise mit einer spontanen Mutation.

Übernehmen wir bei unserer Spekulation einer gezielten künstlichen Mutation durch fremde Intelligenzen aber einmal die präanthropologischen Datierungen, die die wesentlichen Veränderungen unserer Urvorderen markieren, dann müßte die erste künstliche Mutation mit dem von ›Göttern‹ benutzten Genetischen Code zwischen 40 000 bis 20 000 Jahre v. Chr. stattgefunden haben. Die zweite künstliche Mutation fiele dann bereits in jüngere Zeiten, nämlich in die Jahre zwischen 7 000 bis 3 500 v. Chr.

Nehme ich diese Datierungen an, dann müßte die erste ›Götter‹visite etwa in der Zeit vermutet werden, die die ersten bildlichen Darstellungen und Figürchen von Frauen überliefert hat.

Die einschlägige Forschung scheut sich vor so weiten Rückdatierungen. Aber galt die von der Wissenschaft heute ohne Vorbehalte anerkannte Zeitdilatation nicht zu allen Zeiten?

Für alle heute und für die Zukunft geplanten interstellaren Raumfahrtprojekte ist die Zeitdilatation eine bekannte Größe. Ihre Gesetzmäßigkeit wurde zwar erst in unserer Zeit ›entdeckt‹, aber weil sie gesetzmäßig ist, war sie doch wohl immer gültig, also auch für die ›Götter‹, die mit ihren knapp unter Lichtgeschwindigkeit fahrenden Raumschiffen die Erde besucht haben können.

Wäre nun nicht der Augenblick gekommen, in dem auch die Anthropologie von diesem wissenschaftlich verifizierten Phänomen endlich Notiz nehmen sollte?

Würden sich nicht im gleichen Zuge viele so geheimnisvoll scheinende Fragen vom Entstehen und Intelligentwerden unserer Vorfahren erklären lassen?

Seit ihrem Erdenbesuch sind für die ›Götter‹ keine Ewigkeiten vergangen! Hätten sie vor Jahrtausenden von Erdenjahren unserem Planeten einen Besuch abgestattet, wären für die Raumschiffbesatzung möglicherweise nur einige Jahrzehnte vergangen...

Wer Gesetze der Zeitdilatation auch für den Besuch fremder Astronauten gelten läßt, der wird sofort verstehen, daß dieselben ›Götter‹, die aus dem Homo sapiens das Weib entwickelten, später auch Moses die technisch raffinierte Anweisung zum Bau der Bundeslade gegeben haben können.

Ich weiß: Es ist schwer zu begreifen, und trotzdem kann es so sein. Ich darf nochmals betonen, daß das alles keine Spekulation zu sein braucht. Mit diesen merkwürdigen Zeitverschiebungen geht die Astronomie seit langer Zeit erfolgreich um. Eigentlich geht es nun nur noch darum, daß auch Archäologie und Präanthropologie von diesem Faktum Kenntnis nehmen...

Unbekannt ist die Bedeutung dieses weiblichen Idols mit vier Gesichtern und Sonnensymbol, das bei Ausgrabungen im Maracaibo-See (Venezuela) gefunden wurde.

III

›SONNTAGSFORSCHER‹ STELLT FRAGEN ...

Die Posaunen von Jericho – Gab es einstmals Riesen? – Hatte man in Sacsayhuaman Gesteins-Schräm-Maschinen? – Von Wasserleitungen, die keine sind – Kann man sich auf die C-14-Methode verlassen? – Die Einmannlöcher von Cajamarquilla

Es ist ein großer Vorteil, als ›Sonntagsforscher‹ und Laie ohne die ›Belastung‹ des Expertenwissens seiner Phantasie freien Lauf zu lassen und Fragen zu stellen, die den Spezialisten zunächst verblüffen. Natürlich mache ich von diesem Vorteil Gebrauch und rüttele damit an dem Podest, auf dem viele frühgeschichtliche Erkenntnisse aufgebaut und unter ein akademisches Tabu gestellt sind. Sonntagsforscher sind bekanntlich unangenehm emsig. Sie sammeln, lesen und reisen viel, weil sie ihre Fragen gern an einen Pfeil aus bestem Stahl binden – in der Hoffnung, mit diesen Fragen doch letztlich ins Schwarze zu treffen.

Das Forschungsinstitut für Elektroakustik in Marseille bezog im Frühjahr 1964 ein neues Gebäude. Wenige Tage nach dem Einzug begannen mehrere Mitarbeiter von Professor Vladimir Gavreau über Kopfschmerzen, Brechreiz und Hautjucken zu klagen; einigen war es so übel, daß sie wie Espenlaub zitterten. In einem Institut, welches sich mit den Problemen der Elektro-

Sonntagsforscher auf Entdeckungsreise durch Mexiko, Herbst 1968.

akustik beschäftigt, lag der Gedanke nahe, daß in den Labors irgendwelche unkontrollierten Strahlungen diese Übelkeit verursachten. Vom Keller bis zum Boden bemühten sich die Wissenschaftler, mit hochempfindlichen Meßgeräten die Ursache des mißlichen Befindens einiger Institutsangehöriger zu ermitteln. Man fand sie auch. Allerdings war es nicht die Strahlung unkontrollierter elektrischer Frequenzen. Es waren niederfrequente Wellen, die von einem Ventilator ausgingen und das ganze Gebäude in Infraschallschwingung versetzt hatten!

Hier ereignete sich einer der glücklichen Zufälle, wie sie so oft der Forschung helfen: Professor Gavreau arbeitete seit 20 Jahren als Spezialist an der Erforschung von Schallwellen.

Nach dem Zwischenfall sagte er sich, was dieser Ventilator ›unabsichtlich‹ leistete, müßte auch experimentell gezielt erzeugt werden können. So baute er mit seinen Mitarbeitern im Forschungsinstitut für Elektroakustik in Marseille die erste Schallkanone der Welt. Schachbrettartig wurden auf einem Gitter 61 Schläuche befestigt, durch die gleichmäßig Preßluft geblasen wurde, bis ein gerade noch hörbarer Ton von 196 Hertz entstand. Das Resultat erwies sich als verheerend: Die Wände des Neubaus bekamen Risse, Magen und Darm der im Labor Beschäftigten begannen schmerzhaft zu vibrieren. Das Gerät mußte sofort abgeschaltet werden.

Professor Gavreau zog aus diesem ersten Experiment folgende Konsequenzen: Er ließ Schutzvorrichtungen für die Bedienungsmannschaft der Schallkanone bauen. Dann konstruierte er eine wirkliche ›Todesposaune‹, die 2 000 Watt entwickelte und Schallwellen von 37 Hertz ausstrahlte. Diese Konstruktion konnte in Marseille nicht in ihrer vollen Wirksamkeit getestet werden, weil sie Gebäude im Umkreis von mehreren Kilometern zum Einsturz gebracht hätte. Gegenwärtig baut man eine ›Todesposaune‹ von 23 m Länge. Sie soll Schallwellen bis zur tödlichen Frequenz von 3,5 Hertz erzeugen.

Unabhängig von der erschreckenden Zukunftsvision einer solchen ›Todesposaune‹ wird die Erinnerung an ein Ereignis im Altertum geweckt...

Nachdem das auserwählte Volk trockenen Fußes über den Jordan geschritten war und die von sieben Metern dicken Mauern bewehrte Stadt Jericho belagert hatte, wurde den Priestern in einem komplizierten Aufstellungsverfahren befohlen, die ›Posaunen‹ zu blasen. Bei Josua (6,20) wird das so geschildert:

> »... Als nun der Schall der Posaunen
> ertönte, stürzte die Mauer in sich
> zusammen, und das Volk erstieg die
> Stadt, ein Jeder gerade vor sich hin.«

Weder die Kraft der vollen priesterlichen Lungen noch ein vieltausendstimmiger Posaunenchor dürfte sieben Meter dicke Mauern umblasen können! Schallwellen allerdings mit tödlich niedrigen Hertz-Frequenzen – das wissen wir heute – wären durchaus in der Lage gewesen, Jerichos Mauern zum Einsturz zu bringen.

In einem Streitgespräch vor den Mikrofonen des Schweizer Rundfunks erklärte mir Frau Dr. Mottier, Archäologin der Universität Bern, Riesen hätte es nie gegeben, nirgends hätten fossile Funde bisher Rückschlüsse auf eine ehemalige Riesenrasse erlaubt.

Ganz anderer Meinung ist allerdings der ehemalige französische Delegierte der ›Prähistorischen Gesellschaft‹, Dr. Lovis Burkhalter, der 1950 in der ›Revue du Musée de Beyrouth‹ schrieb: »Wir wollen doch klarstellen, daß die Existenz von riesenhaften Menschenwesen in der Acheuléen-Epoche als eine wissenschaftlich gesicherte Tatsache betrachtet werden muß.«

Was stimmt nun eigentlich? Werkzeuge von überdimensionaler Größe wurden gefunden. Menschen normalen Wuchses konnten mit ihnen nicht hantieren.

Archäologen gruben bei Sasnych (6 km von Safita in Syrien) Faustkeile von 3,8 kg Gewicht aus dem Boden. Nicht von schlechten Eltern sind auch die in Ain Fritissa (Ostmarokko) gefundenen Faustkeile: 32 cm lang – 22 cm breit – 4,2 kg schwer. Gehen wir von der normalen Statur und Konstitution des Menschen aus, hätten Wesen, die mit so klobigen Geräten umgehen konnten, etwa 4 m groß gewesen sein müssen.

Außer Werkzeugfunden deuten mindestens drei wissenschaftlich anerkannte Funde auf die ehemalige Existenz von Riesen hin:

1. Der Riese von Java.
2. Der Riese von Südchina.
3. Der Riese von Südafrika (Transvaal).

Welche Vertreter welcher Rasse waren das?

Waren es Einzelgänger?

Waren es fehlprogrammierte Produkte von Mutationen?

Waren es direkte Nachfahren riesenhafter fremder Kosmonauten?

Waren es nach dem Genetischen Code entstandene, besonders intelligente Wesen mit hohen technischen Kenntnissen?

Aus den fossilen Funden lassen sich keine bündigen Antworten auf meine Fragen geben. Die Funde sind zu lückenhaft, um Bausteine für eine echte Genealogie zu liefern. Wird eine solche überhaupt irgendwo auf unserer Erde systematisch erforscht? Ab und zu werden sensationelle Entdeckungen gemeldet, aber bei ihnen handelt es sich fast immer um Zufallsfunde.

Dokumente aber – und wir sollten die alten Quellen beim Wort nehmen – belegen eindeutig die ehemalige Existenz von Riesen. Moses berichtet im 1. Buch, Kapitel 6, Vers 4:

»Zu jenen Zeiten, und auch nachmals
noch, als die Gottessöhne zu den
Töchtern der Menschen sich gesellten,
und diese ihnen Kinder gebaren,
waren die Riesen auf Erden. Das sind
die Recken der Urzeit, die
Hochberühmten ...«

Eine anschauliche Schilderung bekommen wir im 4. Buch Mose, Kapitel 13, Vers 34:

»Wir sahen dort auch die Riesen, die
Enakiter aus dem Riesengeschlecht,
und wir kamen uns vor wie Heuschrecken,
und so erschienen wir auch ihnen.«

Das 5. Buch Mose, Kapitel 3, Vers 11 macht sogar Angaben, die eine ungefähre Schätzung der körperlichen Maße gestatten:

»Denn allein der König Og von
Basan war noch übrig von den Riesen.
Und siehe, sein eisernes Bett ist
allhier zu Rabba, neun Ellen lang
und vier Ellen breit ...«

(Die hebräische Elle ist fast 48,4 cm lang!)

Aber nicht nur die fünf Bücher Mose sprechen klar und eindeutig von Riesen – auch die später entstandenen Bücher des Alten Testaments geben Schilderungen dieser Supermenschen. Ihre Autoren lebten zu verschiedenen Zeiten und an verschiedenen Orten, sie konnten sich also nicht untereinander absprechen. Ebensowenig können die Riesen, wie Theologen zuweilen behaupten, nachträglich in die Texte hineingestrickt worden sein, um das ›Böse‹ zu symbolisieren. Würden diese Apologeten die Texte genauer ansehen, dann müßten sie bemerken, daß Riesen stets bei der Bewältigung ganz praktischer Aufgaben – bei Kriegen und Einzelkämpfen etwa – in Erscheinung treten, nie aber bei der Erörterung von Moralbegriffen oder moralischem Verhalten.

Die Dokumentation von Riesen ist überdies nicht auf die Bibel beschränkt. Auch die Mayas und Inkas geben in ihren Mythen an, das erste vor der Sintflut von den ›Göttern‹ geschaffene Geschlecht sei ein Geschlecht von Riesen gewesen. Zwei prominente Riesen nannten sie Atlan (Atlas) und Theitani (Titan).

Wie unsere ›fliegenden Götter‹ geistern Riesen durch Sagen, Legenden und heilige Bücher. Die Riesen aber waren in keiner dieser Quellen den Göttern gleichgestellt. Ein wesentliches Handicap hielt sie auf der Erde zurück: Die Riesen konnten nicht fliegen! Lediglich dann, wenn ein Riese eindeutig als Abkomme eines ›Gottes‹ definiert ist, wird er auf eine himmlische Reise mitgenommen. Insgesamt zeigen sich die Riesen den ›Göttern‹ gegenüber botmäßig und folgsam, verrichten deren Auf-

Dieses Freskogemälde aus Sefar im Tassili zeigt rechts eine 3,25 Meter hohe Figur, umgeben von sogenannten Marsmenschen.

träge, bis sie schließlich gar als ›dumme Geschöpfe‹ bezeichnet werden und ihre Spur sich in der Literatur verliert.

Ein so seriöser Forscher wie Professor Denis Saurat, Direktor des ›Centre International d'Etudes Françaises‹ in Nizza, ging den Spuren der Riesen nach. Er bejaht eindeutig deren einstmalige Existenz, und selbst jene Forscher, die Zweifel hegen, stolpern früher oder später über Riesengräber, über Menhire, jene senkrecht aufgestellten, roh behauenen Felsblöcke, die bis zu 20 m hoch sind, über Dolmen, das sind aus dicken Steinen gebaute Grabkammern, oder andere megalithische Denkmäler und nicht zuletzt ganz einfach über die Unerklärbarkeit technischer Leistungen wie die Bearbeitung und den Transport gigantischer Steinbrocken. Und genau hier,

in diesem Winkel des heute noch Unerklärbaren, liegt der für mich schlüssige Beweis, daß es Riesen gegeben haben muß. Was es an gigantischen architektonischen Bauwerken, was es an kunstvoll bearbeiteten Felsblökken heute noch zu bestaunen gibt, läßt sich nur dann plausibel erklären, wenn man in den Urhebern dieser Arbeiten Riesen oder Geschöpfe mit einer uns unbekannten Technik vermutet.

Auf meinen Reisen habe ich mich immer gefragt, wenn ich vor urgeschichtlichen Zeugnissen stand: Dürfen wir uns mit den bisherigen Erklärungen und Deutungen dieser Wunder zufriedengeben? Sollten wir nicht in einer gemeinsamen Anstrengung den Mut aufbringen, auch zunächst utopisch anmutende Interpretationen auf ihren (möglichen) realen Gehalt zu prüfen?

Während unserer letzten Reise durch Peru im Jahre 1968 besuchten mein Freund Hans Neuner und ich wiederum die megalithischen Bauten über Sacsayhuaman (›Falkenfelsen‹), die sich in etwa 3 500 m bis 3 800 m Höhe an der Grenze der ehemaligen Inkafestung Cuzco befinden.

Mit Metermaß und Fotoapparat näherten wir uns erneut diesen Ruinen, die im landläufigen Sinne gar keine Ruinen sind. Da liegen keine zerbröckelten, undefinierbaren Gesteinsmassen herum, unkenntlich gewordene Überbleibsel irgendwelcher historischer Bauten. Das

Links: Erich von Däniken beim Vermessen der zyklopischen Mauern über Sacsayhuaman (Peru).

Dieser Steinblock von der Größe eines vierstöckigen Hauses zeigt präzise bearbeitete Stufen. Eine glaubhafte Deutung gibt es nicht.

Felslabyrinth über Sacsayhuaman erweckt den Eindruck eines mit letztem technischem Raffinement erstellten Superbauwerks. Wer tagelang in der dünnen Luft dieses Hochplateaus zwischen Steingiganten, Höhlen und Felsungetümen herumgeklettert ist, wer die glatten, perfekt bearbeiteten Wände betastet hat, der kann schwerlich noch die Erklärung akzeptieren, dies alles sei vor Zeiten von Menschenhand mit nassen Holzkeilen und simplen Steinfäustlingen geschaffen worden.

Hier nur ein von uns vermessenes Beispiel: Aus einem Granitklotz – 11 m hoch, 18 m breit, wie aus der Felswand herausgerissen – wurde ein Rechteck mit den Maßen 2,16 m hoch, 3,40 m breit und 0,83 m tief herausgeschnitten. Eine erstklassige Arbeit! Da ist nichts gestückelt oder dürftig herausgehackt, da ist nichts Unebenes oder stümperhaft Behauenes. Ist man noch mit einem Rest überkommenen Glaubens bereit, die Möglichkeit zuzugeben, besonders geschickte Steinmetzen hätten in langjähriger Arbeit die vier Seiteneinschnitte des Giganten aus der Felswand zu lösen vermocht, so steht man doch zum Schluß ratlos vor der Frage: Wie haben die cleveren Steinmetzen denn die Rückseite des Rechtecks aus dem Felsmassiv gelöst? Es steht fest, daß diese Arbeiten in präinkaischer Zeit ausgeführt wurden. Damals haben die Steinmetzen doch wohl nicht über Schräm-Maschinen, wie sie heute für den Gesteinsaushub moderner U-Bahn-Schächte benutzt werden, verfügt! Und wahrscheinlich haben sie auch nicht über chemische Kenntnisse verfügt, die sie den Steinblock mit Hilfe von Säuren aus der Wand lösen ließen...

Oder etwa doch?

Wir stiegen in mehrere, 60 bis 80 m tiefe Felsgrotten. Wie von einer Urkraft geschüttelt, sind die Grotten in ihrem ehemals geraden Verlauf unterbrochen, zum Teil zerstört oder ineinander geschoben. Weite Teile der Dekken und Wände sind erhalten geblieben. Sie können in ihrer Perfektion mit den allerbesten Betongüssen, wie

sie heute angefertigt werden, konkurrieren. Da ist nichts zusammengesetzt, nichts aus Teilen mit einem Bindemittel aneinandergefügt – es ist alles wie ›aus einem Guß‹. Die Kanten sind rechtwinklig und messerscharf geschnitten. 20 cm breite Granitleisten liegen stufenweise so sauber übereinander, als wäre erst gestern die Holzverschalung abgenommen worden.

Aufrecht sind wir durch Gänge und Kammern gegangen, immer gespannt, welche Überraschung uns nach der nächsten Abzweigung erwarte. Immer wieder dachte ich an die bisherigen archäologischen Erklärungen für diese technischen Meisterwerke, aber sie konnten mich nicht überzeugen. Hier über Sacsayhuaman muß es – dies scheint mir viel wahrscheinlicher – in Urzeiten raffinierte Befestigungsanlagen gegeben haben. All diese tadellos bearbeiteten Steinkolosse könnten Teile eines megalithischen Bausystems gewesen sein. Wahrscheinlich ließe sich diese Anlage freilegen oder rekonstruieren, wenn hier systematische Forschung betrieben würde.

Natürlich haben wir uns auch gefragt, ob es nicht konventionelle Erklärungen für das ›Ruinenfeld‹ über Sacsayhuaman gibt.

Vulkanausbrüche? Es hat weit und breit keine gegeben.

Erdverschiebungen? Vor etwa 200 000 Jahren soll es die letzte heftige Bewegung der Erdkruste gegeben haben.

Links: Monolithe in der Art moderner Betongüsse. Thronsessel für Riesen? Vernichteten die ›Götter‹ den ›Stützpunkt‹ Sacsayhuaman nach Auftragserfüllung?

Erdbeben? Sie könnten kaum diese Schäden, die noch so viel Ordnung in der Unordnung erkennen lassen, verursacht haben. Um hinter alle Fragen ein doppeltes Fragezeichen zu setzen, zeigen die bearbeiteten Granitklötze auch noch Verglasungen, wie sie nur unter dem Einfluß besonders hoher Temperaturen entstehen.

Launen der Natur? Die Granitbrocken haben Rillen, die präzise eingearbeitet wurden, und sie besitzen Zapfenlöcher, als wären sie von ihrem Pendant losgerissen worden.

Weder der Stadtarchäologe von Cuzco noch seine Kollegen in den Museen von Lima konnten mir eine befriedigende Erklärung für die von uns untersuchten Gebilde geben. »Präinkaisch«, sagten sie, »oder vielleicht auch Tiahuanaco-Kultur.«

Es ist gewiß keine Schande, zuzugeben, daß man etwas nicht weiß. Über die Felsbearbeitungen, die wir über Sacsayhuaman sahen, weiß man jedenfalls nichts Genaues. Fest steht nur, daß die Gesamtanlage mit einer uns nicht bekannten Methode von uns nicht bekannten Wesen zu einer uns nicht bekannten Zeit erbaut wurde. Fest steht, daß diese Anlage bestand, ehe die berühmte Inkafestung der Sonnensöhne gebaut wurde, und daß sie vor der Errichtung dieser Inka-Wehranlagen schon wieder zerstört worden war.

Das gleiche gilt für Tiahuanaco auf der bolivianischen Hochebene.

Links: Wie ein Käselaib scheint der Fels durchgeschnitten worden zu sein. Wer tat dies, wann und mit welchen Mitteln?

Das Bild zeigt den berühmten Kalender von Sacsayhuaman. Steht dieses monumentale Steingebilde in irgendeiner Beziehung zu den Ruinen auf den umliegenden Höhen?

Ich habe viele Werke studiert und dabei über Tiahuanaco erstaunliche Dinge erfahren. Alle Darstellungen aber werden durch den Augenschein übertroffen. Auch habe ich manches über die merkwürdigen ›Wasserleitungen‹ gelesen, die man in Tiahuanaco gefunden hat. Ihnen galt bei meiner letzten Reise auf das bolivianische Hochplateau mein besonderes Interesse.

Rechts oben: Erich von Däniken mit einem Indio auf dem Hochland von Tiahuanaco.
Rechts unten: Die ›Wasserleitungen‹ von Tiahuanaco – hier zweckentfremdet in eine Tempelmauer aus jüngster Zeit eingebaut.

Nun stand ich also zum zweiten Mal in Tiahuanaco, 4000 m über dem Meer. Ich hatte die ›Wasserleitungen‹ bei meinem ersten kurzen Besuch zu wenig beachtet. Diesmal aber wollte ich das Versäumte nachholen.

Die ersten bemerkenswerten Stücke dieser Halbröhren fand ich in der Mauer eines rekonstruierten Tempels. Wir haben diesen ›Einbau‹ eingehend betrachtet: Er war willkürlich erfolgt. Die Halbröhre saß an dieser Stelle ganz sinnlos in der Wand. Dekorativ vielleicht, wie für Touristen zurechtgemacht.

Als ich die ›Wasserleitungen‹ an anderen Stellen anfassen konnte, fand ich bestätigt, was ich über sie gelesen hatte: Sie haben eine absolut moderne Form mit glattem Abriß, mit polierten Innen- und Außenflächen, mit exakten Kanten. Die Halbröhren sind mit Rillen und Kanten passend aufeinander zugeschnitten. Sie lassen sich nach dem Baukastensystem zusammensetzen.

Ist man schon verblüfft über die technisch-handwerkliche Perfektion dieser Arbeiten, die Archäologen präinkaischen Stämmen zutrauen, dann wird man nachgerade fassungslos, wenn man sieht, daß die bislang als ›Wasserleitungen‹ katalogisierten Funde als Doppelröhren existieren! *Eine* Leitung wäre schon ein Meisterstück – nun aber gar aus einem Stück gearbeitete Doppelröhren! Und zwar Doppelröhren mit tadellos geschliffenen Eckstücken!

Rechts: Die berühmten ›Wasserleitungen‹ haben moderne Formen mit glattem Abriß, polierten Innen- und Außenflächen und exakten Kanten.

Das Eckstück einer ›Wasserleitung‹ aus Tiahuanaco. Schutzröhren für Energiekabel?

Links oben: Aus welchem Material waren die Klammern, die einst diesen großen Steinblock zusammenhielten? – *Links unten:* Das ›Sonnentor‹ von Tiahuanaco mit seinem imposanten Figurenfries.

Wie aber läßt sich erklären, daß man nur die Oberteile der Röhren fand.

Bei ›Wasserleitungen‹ könnte man doch allenfalls auf die Oberteile, nie aber auf die Unterteile verzichten!

Dienten diese steinernen Röhren überhaupt als Wasserleitungen?

Vielleicht gibt es eine ganz andere, freilich utopisch anmutende Erklärung?

Überlieferte Legenden und vorhandene Steinzeichnungen lassen vermuten, daß die ›Götter‹ in Tiahuanaco zu Beratungen zusammenkamen, noch ehe der Mensch geschaffen war. In unserer Sprache des Raumfahrtzeitalters heißt das: Fremde Astronauten schufen sich auf der Hochebene von Bolivien ihren ersten Stützpunkt. Sie verfügten über eine hochentwickelte Technik, wie wir heute über Laserstrahlen, Vibrationsfräsen, elektrische Geräte. Damit erstellten sie eine Reihe von nüchternen Zweckbauten. Waren – so gesehen – die ›Wasserleitungen‹ nicht eher Schutzröhren für Energiekabel zwischen den einzelnen Gebäudekomplexen?

Lebewesen, die Röhren wie die in Tiahuanaco herzustellen im Stande waren, müssen über hervorragende technische Fertigkeiten verfügt haben. Wesen solcher Intelligenzstufe wären nicht so töricht gewesen, Wasserleitungen mit doppelter Röhrenführung anzufertigen, wenn sie in einem ungleich einfacheren Verfahren bei geringerem Arbeitsaufwand aus demselben Stein lediglich *ein größeres Loch hätten bohren können, um die doppelte Wassermenge zu führen.* Intelligente Wesen solcher Fähigkeiten hätten für den Transport von Wasser auch keine rechtwinklige Konstruktion gewählt, weil sie gewußt hätten, daß sich in den Winkeln Wasser und Schmutz stauen würden. Und natürlich hätten diese Techniker für den Transport von Wasser auch Röhrenunterteile hergestellt.

Als in den dreißiger Jahren des 16. Jahrhunderts die spanischen Eroberer die Einheimischen nach den Erbauern von Tiahuanaco fragten, konnten diese ihnen keine Auskunft geben. Sie verwiesen auf die Sage, nach der Tiahuanaco der Ort war, an dem die Götter die Menschen erschaffen hatten. Ich vermute, daß dieselben ›Götter‹ auch die Röhren schufen und daß sie sie nicht als Wasserleitungen benutzten.

Bei allen historischen Funden bemühen sich Archäologen und Anthropologen um deren Datierung. Hat ein Fund seine Datierung, dann bekommt er seinen vorbestimmten Platz in dem System der bisherigen Forschung. Und freilich eine Katalognummer.

Die bisher exakteste Methode, deren sich die Wissenschaft bedient, ist die C-14-Methode. Bei ihrer Anwendung geht man davon aus, daß in unserer Atmosphäre das radioaktive Isotop des Kohlenstoffs (C) mit dem Atomgewicht 14 in gleichbleibenden Mengen vorhanden ist. Dieses Kohlenstoffisotop wird von allen Pflanzen aufgenommen, so daß es Bäume, Wurzeln, Blätter, Gräser in gleichbleibenden Mengen enthalten. Alle lebenden Organismen aber nehmen in irgendeiner Form pflanzliche Stoffe auf, also enthalten auch Mensch und Tier im gleichen Mengenverhältnis C-14. Nun haben die

P113

radioaktiven Substanzen eine bestimmte Zerfallszeit, sofern keine neuen radioaktiven Substanzen zugeführt werden. Diese Zerfallszeit beginnt bei Mensch und Tier mit dem Tode, bei Pflanzen mit dem Ernten oder Verbrennen. Für das Kohlenstoff-Isotop C-14 ist eine Halbwertzeit von etwa 5 600 Jahren ermittelt. Dies bedeutet, daß 5 600 Jahre nach dem Ableben eines Organismus nur noch die Hälfte der ursprünglichen C-14-Menge aufzuspüren ist – nach 11 200 Jahren nur noch ein Viertel, nach 22 400 Jahren nur noch ein Achtel usw. Der C-14-Gehalt eines fossilen organischen Stoffes läßt sich, da die ursprüngliche Menge an C-14 in der Atmosphäre bekannt ist, in einem komplizierten Laborverfahren ermitteln. In Relation zum konstanten C-14-Gehalt der Atmosphäre läßt sich dann das Alter eines Knochens oder eines Stücks Holzkohle bestimmen.

Wenn man Gräser und Büsche an den Rändern der Autobahnen schneidet und verascht, dann täuscht die Asche ein Alter von vielen tausend Jahren vor. Warum? Die Pflanzen haben tagtäglich aus den Auspuffgasen vorbeifahrender Wagen viel Kohlenstoff aufgenommen; dieser Kohlenstoff stammt aus dem Erdöl, dieses aber wiederum stammt aus organischem Material, das vor Millionen Jahren aufgehört hat, C-14 aus der Atmosphäre aufzunehmen. So kann ein in einem Industrierevier geschlagener Baum den Jahresringen nach viel-

Links: Dieser gewaltige Steinblock zeigt kantenscharfe Rillen, die weder mit Steinbeilen noch Holzkeilen eingeritzt worden sein können.

leicht nur 50 Jahre alt sein – Untersuchungen nach der C-14-Methode aber würden die Holzasche so weit zurückdatieren, daß der 50 Jahre alte Baum in weit, weit zurückliegenden Zeiten ›angesiedelt‹ werden müßte.

Ich bezweifle die Genauigkeit und damit Zuverlässigkeit dieser Methode. Die bisherigen Messungen gehen von der festen Annahme aus, daß das Mengenverhältnis eines C-14-Isotops in der Atmosphäre immer gleich ist und immer gleich war.

Wer aber weiß das?

Und was ist, wenn diese Voraussetzung auf einem Irrtum beruht? In meinem Buch ›Erinnerungen an die Zukunft‹ habe ich auf alte Texte hingewiesen, die schilderten, daß die Götter fähig waren, ungeheure Hitze, wie nur Kernexplosionen sie hervorbringen, zu erzeugen, und überdies, daß sie mit Strahlwaffen umgingen. Im Gilgamesch-Epos stirbt Enkidu, weil er ›vom giftigen Hauch des Himmelstieres‹ berührt wurde. Im Mahabharata wird geschildert, wie sich die Krieger ins Wasser stürzten, um sich und ihre Rüstungen abzuwaschen, weil alles ›vom tödlichen Hauch der Götter‹ belegt war.

Was wäre, wenn es sich hierbei wie auch bei der ›Explosion‹ in der sibirischen Taiga am Morgen des 30. Juni 1908 tatsächlich um eine Atomexplosion gehandelt hat?

Wann und wo immer auch – einschließlich Hiroshima

Rechts: Die aus einem Stück gearbeitete Statue aus Tiahuanaco steht heute in La Paz (Bolivien). Wer schuf solche gewaltigen Monumente? Sind sie Abbilder außerirdischer Wesen?

und aller Kernwaffenversuche im Bikini-Atoll, in der Sowjetunion, den USA, der Sahara und China – radioaktive Substanzen freigesetzt wurden, mußte auch das Gleichgewicht der radioaktiven Isotope C-14 gestört werden. Pflanzen, Menschen und Tiere hatten und haben dann mehr C-14 in den Zellen, als es die konstant angenommene Menge an C-14 in der Atmosphäre als Bezugsgröße besessen hat oder besitzt. Diese These läßt sich wohl nicht bestreiten. Akzeptiert man sie, dann wären die sogenannten exakten wissenschaftlichen Datierungen in Frage zu stellen. Wir gehen bei unserer Theorie vom Besuch fremder Astronauten mit so großen Zeiträumen um, daß sich ›kleine‹ Rechenfehler leicht einschleichen können, und so ein ›kleiner‹ Rechenfehler kann dann ganz schnell 20 000 Jahre und mehr ausmachen!

Das ist ein Grund, der mich gegenüber weit zurückgehenden Datierungen skeptisch sein läßt. Nehmen wir den ›Fall‹ Tiahuanaco: Falls dort Kosmonauten unseren Planeten nach Durchführung ihrer Aufgaben wieder verlassen haben, hinterließen sie jedenfalls den Archäologen und Anthropologen keine fossilen Erbstücke. Modern ausgerüstet, wärmten sie sich nicht an Holzkohlenfeuern, und ihre Knochen nahmen sie wieder mit. Sie hinterließen also überhaupt keine datierbaren Spuren! Knochen und Holzkohlenreste, die an den vermutlichen Landeplätzen der Astronauten gefunden, analysiert und datiert werden, stammen demnach von Menschen, die

Rechts: Fragment einer Tiahuanaco-Statue ganz anderer Art, die sich heute ebenfalls in La Paz (Bolivien) befindet.

Bedeutet die Zeichnung auf diesem Kultstein aus Mexiko bloße Ornamentik oder ist sie ein epigonales Kunstprodukt nach Motiven eines vergessenen technischen Zeitalters?

sich Jahrtausende später in den Ruinen der Götterfestung niedergelassen haben. Ich halte es für einen Irrtum, anzunehmen, die Knochen, die ausgegraben wurden, stammten von den Erbauern von Tiahuanaco. Ich stelle neue Fragen, weil mir die alten Antworten nicht genügen.

Die Archäologie gibt es als wissenschaftliche Disziplin erst seit 200 Jahren. Seitdem sammeln ihre Vertreter mit bewunderungswürdiger Akribie Münzen, Tontäfelchen,

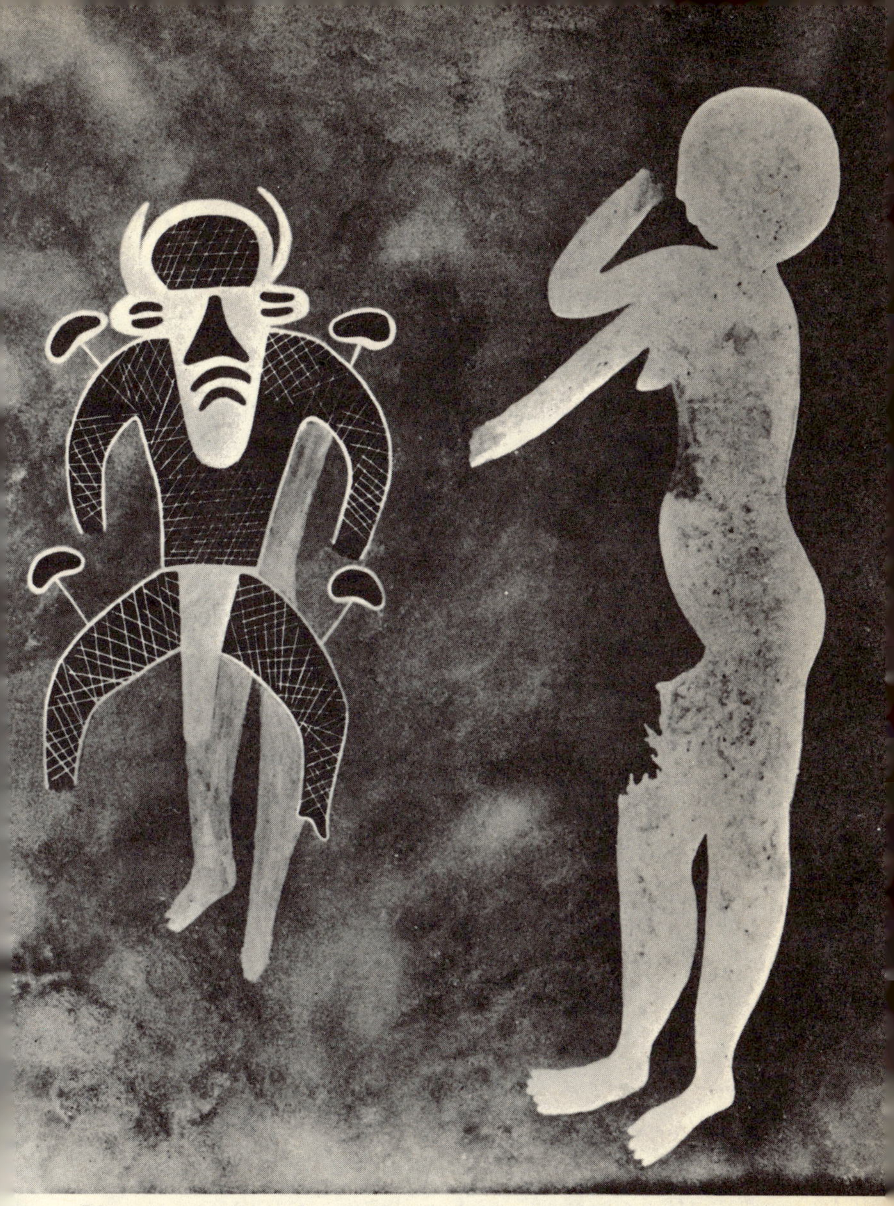

Dieser Antennenmensch aus Auanrhet, Tassili, zeigt auf Armen und Schenkeln antennenähnliche Auswüchse. Der Helm hat Schlitze für Augen, Nase und Mund. Rechts eine unbekleidete weibliche Gestalt.

Malerei mit Himmelsschlange, Opferpriestern (?) und seltsamen Flugobjekten auf einem Keramikgefäß aus Peru; heute Linden-Museum, Stuttgart.

Fragmente von Geräten, Scherben von Gefäßen, Figuren, Zeichnungen, Knochen und alles, was die Erde auf die Schaufel gibt. Sie ordnen die Funde säuberlich in ein System, das aber nur für rund 3 500 Jahre eine relative Gültigkeit hat. Was weiter zurückliegt, bleibt hinter einem Schleier von Rätseln und Vermutungen verborgen. Niemand weiß es und niemand kann es deuten, was unsere Vorfahren zu technischen und architektonischen Spitzenleistungen befähigt hat. Man sagt, ein drängendes Verlangen nach den ›Göttern‹ – der Wunsch, den ›Göttern‹ zu gefallen – die ihnen von den ›Göttern‹ auferlegten Pflichten zu erfüllen ... das alles wären die treibenden Kräfte für die vielen wunderbaren Bauten gewesen.

Verlangen nach ›Göttern‹?

Nach *welchen* ›Göttern‹?

Von ›Göttern‹ auferlegte Pflichten erfüllen?

Welche ›Götter‹ legten denn Pflichten auf?

›Götter‹ müssen Erstaunliches leisten; sie müssen mehr

Cajamarquilla bei Lima (Peru). Einmannlöcher? Getreidesilos? 209 Stück davon allein in einer Fluchtlinie! Warum Löcher, über die jeder stolpern muß?

können als andere Wesen. Erfundene ›Götter‹, reine Phantasiegestalten würden sich nicht lange im Bewußtsein der Menschheit gehalten haben. Man hätte sie bald wieder vergessen. Deshalb vertrete ich die Ansicht: ›Götter‹, von denen wir sprechen, müssen reale Erscheinungen gewesen sein, die so klug und so mächtig waren, daß sie unseren Vorfahren einen so tiefen Eindruck machten und über viele Jahrhunderte hinweg die Gedanken- und Glaubenswelt der Menschen erfüllten.

Wer also zeigte sich den Urvölkern?

Wir sollten den Mut zu phantastischem Zweifel haben.

Was Heraklit (um 500 v. Chr.) sagte, gilt leider heute noch: »Durch ihre Unglaubhaftigkeit entzieht sich die Wahrheit dem Erkanntwerden.«

Östlich der peruanischen Hauptstadt Lima gibt es an den Berghängen von Cajamarquilla ein Ruinenfeld. Täglich vernichten dort gefräßige Bulldozer beim Straßenbau Zeugnisse menschlicher Vergangenheit, die bisher von der Forschung noch nicht in gebührendem Maße berücksichtigt worden sind.

Wir sind durch diese Wüstenei gestapft. Man mußte von niemandem auf eine Kuriosität aufmerksam gemacht werden, man stolperte über sie. In den Straßen gibt es Hunderte von Einmannlöchern, wie sie uns als Schutzlöcher, die sich der Vietcong gräbt, aus Illustrierten und Fernsehberichten bekannt sind. Wir wagen nicht zu behaupten, daß auch diese Einmannlöcher in Cajamarquilla einst zum Schutz der Bewohner vor Luftangriffen in den Boden gegraben wurden. Wir dürfen das gar nicht behaupten, weil es bekanntermaßen vor dem 20. Jahrhundert keine Angriffe aus der Luft gegeben haben soll!

Die Einmannlöcher von Cajamarquilla haben im Schnitt einen Durchmesser von 0,60 m und eine Bodentiefe von 1,70 m. In einer einzigen Straße zählte ich 209 (!) Löcher. Sie müssen – wozu sonst dieser Aufwand an Arbeit? – einen ganz praktischen und höchst wichtigen Zweck erfüllt haben.

Welche Erklärung wird uns für die vielen hundert Einmannlöcher offeriert?

Nahaufnahme eines Loches. Durchmesser 60 cm, Tiefe 1,70 m.

Man sagt, diese Einmannlöcher seien Getreidesilos gewesen!

Angesichts der auf Körpermaße ausgehobenen Löcher ist diese Erklärung nicht ganz überzeugend. Man kann natürlich in solche Löcher Getreide einfüllen. Aber würde es nicht in der Bodenfeuchtigkeit und der entstehenden feuchten Wärme bald zu keimen oder gar zu faulen beginnen? Und wie soll das Getreide dann wieder aus den engen Silos herausgeschaufelt werden?

In Ermangelung von Getreide füllten wir eines der Löcher mit Sand. Wir versuchten dann, ihn mit Händen und Schaufeln wieder aus der Erde zu schöpfen. Das obere Drittel machte nur wenig Mühe. Von der Mitte an aber arteten unsere Bemühungen in eine anstrengende Tätigkeit aus. Das letzte Drittel war eine einzige Tortur: Den Kopf nach unten hängend, taucht man in das Loch ein, schöpft eine Handvoll Sand, richtet sich auf und lädt sie am Rand ab. Dann aber erreicht man eine Tiefe, daß man die Hand nicht mehr am Kopf vorbeiführen kann, der Sand rieselt aus den Händen. Unsere Spaten legten wir schon bald beiseite, weil die Enge des Schachtes keine Hebelwirkung mehr zuließ. Schließlich banden wir kleine Eimerchen an Schnüre und ließen sie in die Tiefe hinab. Wollten wir sie mit dem Spaten füllen, kippte die Hälfte des Inhalts wieder aus. Wir ließen uns eine ganze Menge einfallen. Nach vielen Tricks und ganztägiger Arbeit hatten wir einen ›Silo‹ bis auf einen Rest von 15 bis 20 cm geleert. Der Rest liegt vermutlich noch heute dort.

Seit man mir sagte, daß es sich bei den zahllosen Einmannlöchern um ›Getreidesilos‹ handelte, bewegt mich die Frage, warum die urvorderen Familien von Cajamarquilla sich so ungeheure Mühen mit dem Aushub so enger Löcher machten?

Warum legten sie nicht einen großen Familiensilo an?

Da Cajamarquilla ein gut durchorganisiertes Stadtgebilde gewesen sein soll, hätte doch sogar der Gedanke an einen großen und praktischen Gemeindesilo nahegelegen.

›Sicher‹ scheint mir, nach Untersuchung der örtlichen Gegebenheiten, die Erklärung keineswegs zu sein. Aber Silos – sagt man – *müssen* es gewesen sein...

IV

DAS GESPEICHERTE GEDÄCHTNIS DER MENSCHHEIT

Kosmische Erinnerung – Gedächtnismoleküle? – Propheten essen Bücher – Lochkarten des Lebens – Vergangenheit und Zukunft – Träume von Vergangenem – Wenn das codierte Programm abläuft

Warum fallen uns oft Namen, Adressen, Begriffe, Telefonnummern auch bei gründlichstem Bohren in unserem Gedächtnis nicht ein? Dabei ›spüren‹ wir genau, daß das, was wir suchen, sich irgendwo in den grauen Zellen unseres Gehirns versteckt hat und nur darauf wartet, wiederentdeckt zu werden. Wo ist die Erinnerung an etwas, das wir ›genau wissen‹, geblieben? Warum können wir mit unserem Wissensvorrat nicht nach Wunsch und in jedem Augenblick operieren?

Robert Thompson und James McConnell aus Texas plagten sich 15 Jahre damit ab, dem Geheimnis von Erinnerungen und ihrer Präsenz experimentell auf die Schliche zu kommen. Nachdem sie die verschiedensten Versuche durchgeführt hatten, wurden schließlich Plattwürmer aus der Familie mit dem wohlklingenden Namen Dugesia Dorotocephala die Stars eines Experiments, das zu phantastischen Ergebnissen führen sollte. Diese Tierchen gehören einerseits zu den primitivsten Organismen, die noch etwas Gehirnsubstanz besitzen, andererseits zählen sie zu den Lebewesen mit komplizierter Struktur, die sich durch Zellteilung vollständig regenerieren können. Schneidet man so einen kleinen Wurm in Stücke, dann erneuert sich jedes einzelne Stück wieder zu einem kompletten und vollständig intakten Plattwurm.

Thompson und McConnell ließen ihre kleinen Stars in einer Plastikwasserrinne herumkriechen – nicht etwa, um ihnen ein besonderes Vergnügen zu bereiten! Listig wie Forscher nun einmal mit ihren Versuchsobjekten sein können und auch sein müssen, schlossen sie die Wasserrinne an einen schwachen Stromkreis an. Außerdem installierten sie über der Rinne ihre Büroschreibtischlampe mit einer 60-Watt-Birne. Da Plattwürmer sehr lichtscheu sind, zuckten sie jedesmal zusammen, wenn die Lampe angeschaltet wurde. Nachdem die beiden Wissenschaftler dieses Licht-an-Licht-aus-Spiel einige Stunden lang wiederholt hatten, nahmen die Würmer jedoch keine Notiz mehr von dem fortwährenden Lichtwechsel. Sie hatten wohl begriffen, daß ihnen nichts Lebensgefährliches drohte, daß auf Helligkeit auch wieder Dunkelheit folgte und umgekehrt. Thompson und McConnell kombinierten nun den Lichtreiz mit einem schwachen elektrischen Schlag, der die Tierchen jeweils eine Sekunde nach dem Lichtschein traf. Hatten die Plattwürmer den Lichtreiz vorher bereits ignoriert, krampften sie sich nun auf den Stromimpuls hin wieder zusammen.

Man gewährte den Versuchstieren eine Pause von zwei Stunden, ehe man sie wieder auf die ›Folter‹ spannte. Und da zeigte sich: Sie hatten nicht vergessen, daß sie nach dem Lichtschein den elektrischen Schlag zu erwarten hatten. Sie krampften sich auf den Lichtschein hin zusammen – auch wenn der erwartete Schlag gar nicht kam.

Nun zerschnitten die beiden geduldigen Forscher die Plattwürmer in kleine Stückchen und warteten einen Monat lang, bis die Teile sich zu kompletten Würmern regeneriert hatten. Dann kamen sie wieder in die Versuchsrinne, und wieder wurde in unregelmäßigen Abständen die Schreibtischlampe eingeschaltet. Thompson und McConnell machten eine erstaunliche Entdeckung: Nicht nur die Kopfstücke, die einen Schwanz regeneriert hatten – auch die Schwanzstücke, die ein neues Gehirn aufgebaut hatten, verkrampften sich vor dem zu erwartenden elektrischen Schlag!

Was war geschehen?

Auf welche Weise hatten die neugebildeten Kopfstücke die Erinnerung an den elektrischen Schlag bekommen?

Waren in den Zellen, die die ›alten‹ Erinnerungen gespeichert hatten, chemische Prozesse abgelaufen, die die gemachten Erfahrungen an die neu aufgebauten Zellen weitergegeben hatten?

Genauso war es. Wenn ein ›ungelernter‹ Plattwurm einen ›gelernten‹ Artgenossen auffrißt, dann übernimmt er sogar von seinem Opfer dessen ›angelernte‹ Fähigkeiten. Versuche in anderen Laboratorien führten zu der Feststellung, daß durch Einsetzen von Zellen eines Tieres, dem bestimmte Fertigkeiten beigebracht worden waren, in den Körper eines anderen Tieres diese Fertigkeiten weiterwirken. So wurden beispielsweise Ratten angelernt, eine bestimmte farbige Taste zu drücken, wenn sie an ihr Futter gelangen wollten. Beherrschten die Versuchstiere ihr Pensum perfekt, tötete man sie, entnahm ihren Gehirnen einen Extrakt und injizierte ihn undressierten Ratten in die Bauchhöhle. Nach wenigen Stunden bereits bedienten die undressierten Ratten dieselben farbigen Tasten. Versuche mit Goldfischen und Kaninchen bestätigten die Annahme, daß erlerntes Wissen durch Übertragung bestimmter Zellen in einem biologisch-chemischen Prozeß von einem Körper auf den anderen weitergegeben werden kann.

Es gilt heute als wissenschaftlich gesichert, daß sich Erinnerungen in Gedächtnismolekülen speichern und daß RNS- und DNS-Moleküle Gedächtnisinhalte fixieren und transportieren. In konsequenter Fortführung dieser Forschungen könnte die Menschheit in absehbarer Zukunft die Möglichkeit haben, Wissen und Erinnerungen nicht mehr mit dem Tode eines Menschen verlorengehen zu lassen, sondern den einmal erworbenen geistigen Besitz eines Menschen zu erhalten und weiterzugeben.

Werden wir es noch erleben, daß die blitzgescheiten, auf Unterwasserforschung ›programmierten‹ Delphine auf Tauchstation gehen?

Werden wir auf den Straßen Affen bei der Arbeit sehen, deren Gehirne auf den Umgang mit Straßenbaumaschinen ›programmiert‹ sind?

Ich meine, es gehört heute mehr Mut dazu, die denkbare Verwirklichung kühnster Möglichkeiten in Frage zu stellen als mit ihnen ernsthaft zu rechnen.

Der wissenschaftliche Beweis, daß fremde Intelligenzen bereits vor Urzeiten mit derartigen Gedächtnismanipulationen umzugehen verstanden, steht noch aus. Immerhin schließen namhafte Wissenschaftler wie Schklowskij, Sagan und andere die Wahrscheinlichkeit nicht aus, daß es auf anderen Planeten Lebewesen gibt, die unserem wissenschaftlichen Forschungsstand weit voraus sind.

Mir gibt wieder einmal das Alte Testament zu denken, in dem von nicht wenigen Propheten berichtet wird, daß sie von den ›Göttern‹ Bücher zu essen bekamen.

Hesekiel (3/3) erzählt von einem solchen Bücher-Schmaus: »... Und er gab mir das Buch zu essen und sprach: Menschensohn, speise deinen Leib und fülle dein Eingeweide mit diesem Buch, das ich dir gebe. Da aß ich es ...«

Wen wundert es noch, daß die derart ›ernährten‹ Propheten mehr als alle anderen wußten und klüger als ihre Umwelt waren!

Seit der wissenschaftlichen Entdeckung der DNS-Doppel-Helix weiß man, daß der Zellkern des Gens alle Informationen enthält, nach dem ein Lebewesen aufgebaut wird. Lochkarten sind eine so geläufige Vorstellung, daß ich den Aufbauplan, der in den Zellkernen programmiert ist, etwas vereinfachend ›Lochkarten des Lebens‹ nennen möchte.

Diese Lochkarten bauen das Leben nach einem festgelegten Terminplan auf. Um unsere Spezies zum Muster zu nehmen: Ein 10jähriger Junge oder ein 8jähriges Mädchen sind freilich schon kleine Menschen, aber sie besitzen viele Attribute noch nicht, die sie einmal als Mann und Frau haben werden. Ehe sie erwachsen sind, werden sich die Zellen in ihren Körpern noch Trillionen Male teilen, und mit jeder Zellteilung werden von den Lochkarten neue Baustufen abgerufen: Junge und Mädchen schießen in die Höhe, Schamhaare, Barthaare, Brüste beginnen zu sprießen. Lochkarten machen keine Fehler, ihre Stanzungen bestimmen zeitgerecht den Ablauf des Werdens.

Dies ist, ich darf es noch einmal betonen, ein Faktum, das für jedes Lebewesen gilt. Nun möchte ich auf dieser grundsoliden wissenschaftlichen Basis einen spekulativen Gedanken zur Diskussion stellen, der mir persönlich ganz logisch zu sein scheint: Sollte es nicht – wie für jedes Einzelwesen – seit Urzeiten für die ganze Menschheit einen umfassenden programmierten Bauplan gegeben haben?

Anthropologische, archäologische und ethnologische Tatsachen geben mir den Mut, anderen Hypothesen von der Entstehung der Menschheit auch meine hinzuzufügen: Ich vermute, daß alle Informationen, also alle in die Lochkarten gestanzten Befehle beim Ur-Homo von außen her durch eine gezielte künstliche Mutation eingegeben worden sind.

Tasten wir uns auf meiner Spur zurück ins dunkle Labyrinth der Urgeschichte der Menschheit, dann ist der Mensch zugleich ›Sohn der Erde‹ und ›Kind der Götter‹. Aus dieser Kreuzung ergeben sich ungeheure und phantastische Konsequenzen.

Unsere Vorfahren erlebten ›ihre‹ Zeit, die Urvergangenheit, unmittelbar, nahmen sie in ihr Bewußtsein auf, ihr Gedächtnis speicherte alle Ereignisse. Mit jeder Zeugung ging ein Teil dieser Urerinnerung auf die nächste Generation über. Zugleich fügte jede Generation den vorhandenen Lochkarten-Stanzungen neue hinzu. Die Lochkarten wurden ständig durch neue Informationen angereichert. Gingen auch im Laufe der Zeiten Informationen wieder verloren oder wurden sie durch stärkere Impulse überlagert – die Summe aller Informationen minderte sich nicht! Nun aber liegen im Menschen nicht nur diese Stanzungen der *eigenen* Erinnerungen, sondern auch die Programmierung der *Götter*, die zu Adams Zeiten ja bereits Raumfahrt betrieben!

Zwischen unserem präsenten Wissen und der Fülle dieser Erinnerungen steht eine Barriere, die nur wenige Menschen in glücklichen Momenten zu durchbrechen vermögen. Sensible Menschen – Maler, Dichter, Musiker und Forscher – empfinden erregend diese Urerinnerung und versuchen in oft verzweifeltem Ringen die gespeicherten Informationen wieder zu erreichen. Der Medizinmann ließ sich durch Gifte und monotone Rhythmen in Trance versetzen, um die Sperre zur Urerinnerung durchbrechen zu können. Ich glaube auch, daß selbst hinter dem modischen Gehabe der psychedelischen Pfadfinder ein Urinstinkt wirksam ist, der die Blumenkinder dazu drängt, sich mit Drogen und nervenstimulierender Musik einen Zugang zum Unbewußten zu öffnen. Mag sich dabei im Einzelfall das Tor zu einer verschütteten Welt auftun, so reicht doch meist die Kraft nicht aus, die im Rausch erschlossene Welt Mitmenschen darzustellen.

Ein Beispiel:

Alle Welt spricht von ›Aladins Wunderlampe‹, wenn

ein absolut utopisches Gerät, wenn ein unbegreiflicher Vorgang umschrieben werden soll. Ich nehme nicht nur die Propheten beim Wort, ich habe mir angewöhnt, auch hinter den oft seltsam anmutenden Urerinnerungen etwa der Menschen der Antike eine Realität zu suchen, eine Realität, die für uns Gegenwartsmenschen vielleicht noch der (Wieder-)Entdeckung harrt.

Was hat es denn mit dieser seltsamen Wunderlampe auf sich, über die Aladin verfügte? Zweifellos ermöglichte sie, Superwesen zu materialisieren. Das geschah immer dann, wenn der junge Aladin an der Lampe rieb. Setzte er durch die Reibungskraft vielleicht eine Materialisierungsmaschine in Gang?

Mit heutigem Wissen läßt sich eine denkbare Erklärung für die Wunderlampe geben: Wir wissen, daß die Atomtechnik Masse in Energie, daß die Physik Energie in Masse umsetzt. Ein Fernsehbild wird in hunderttausend Zeilen zerlegt, die – in Energiewellen umgewandelt – über Relais ausgestrahlt werden. Ein Sprung ins Phantastische: Ein Tisch – auch der, an dem ich eben sitze – besteht aus einer unendlichen Zahl aneinandergereihter Atome. Gelänge es, diesen Tisch in seine atomaren Bestandteile zu zerlegen, über Energiewellen zu versenden und ihn an einem bestimmten Ort nach vorgegebenem Modell wieder aufzubauen, dann wäre der Materietransport gelungen. Blanke Utopie? Zugegeben, heute noch! Aber auch in Zukunft?

Vielleicht geisterte durch das Gedächtnis der Menschen der Antike noch eine Erinnerung an beobachtete Materialisierungen in frühester Zeit: Stahl wird heute zur

Verhärtung in flüssigen Stickstoff getaucht. Ein für uns selbstverständliches Verfahren, das in der Neuzeit entdeckt wurde. Vermutlich durch eine Urerinnerung war dieser Verhärtungsprozeß bereits im Altertum eine technische Realität. Allerdings wurde er mit sehr rüden Methoden praktiziert: Zur Oberflächenverhärtung stieß man die glühenden Schwerter in die Leiber von Gefangenen! Woher aber wußte man, daß der menschliche Körper mit organischem Stickstoff vollgepumpt ist? Woher kannte man den chemischen Effekt? Lediglich aus Erfahrung?

Woher, frage ich, hatten unsere Vorfahren ihr hohes technisches Wissen und ihre modernen medizinischen Kenntnisse, wenn nicht von fremden Intelligenzen?

Woher nehmen kluge Männer und Frauen ihre Zuversicht, daß ein weit voraus gepflanzter kühner Gedanke empirisch Schritt für Schritt erreichbar ist, daß eine anfängliche Phantasie oder Utopie eines Tages Wirklichkeit wird?

Ich bin fest davon überzeugt, daß die Wissenschaftler von dem drängenden Wunsch beseelt sind, wieder so viel zu wissen, wieder so viele Erinnerungen Wirklichkeit werden zu lassen, wie in Urzeiten von fremden Intelligenzen in das Menschheitsgedächtnis eingegeben wurden. Es muß doch einen plausiblen Grund haben, warum über alle Epochen der Menschheitsgeschichte hinweg der Kosmos das große Forschungsziel war.

Waren nicht alle Etappen technischer Entwicklung, war nicht jedes Stückchen Fortschritt, waren nicht letztlich die utopischen Ideen immer nur Schritte auf das große Abenteuer: die Wiedereroberung des Weltraums?

Was für uns heute noch verwirrende und oft beängstigende futurologische Gedanken sind, war wahrscheinlich schon einmal Realität auf unserem Planeten.

Beim Studium der gerade heute viele Menschen bewegenden Bücher Teilhard de Chardins (1881–1955) stieß ich zum ersten Mal auf den Begriff der ›kosmischen Urteile‹. Erst spätere Zeiten werden erkennen, wie entscheidend dieser Jesuit mit seinen paläontologischen und anthropologischen Forschungen, durch die er die katholische Schöpfungslehre mit den modernen naturwissenschaftlichen Erkenntnissen verbinden wollte, das Weltbild des 20. Jahrhunderts mitbestimmt hat. Im Jahre 1962, sieben Jahre nach seinem Tode, wurde nach einem heftigen Theologenstreit entschieden, daß Teilhards Auffassungen gegen die katholische Lehre verstoßen.

Ich kenne keinen Begriff, der so klar ausdrückt, was mit den kosmischen Vorgängen gemeint ist. Urteil (Ur-Teil) der Materie ist das Atom. Auch im Kosmos ist das materielle Ur-Teil das Atom. Es gibt aber noch andere Ur-Teile, nämlich Zeit, das Bewußtsein, die Erinnerung. Auf unenträtselte Weise sind alle diese Ur-Teile miteinander verbunden und aufeinander bezogen. Vielleicht werden wir eines Tages Ur-Teilen, Kräften also, auf die Spur kommen, die sich weder physikalisch noch chemisch oder nach anderen naturwissenschaftlichen Kategorien definieren oder einordnen lassen. Und trotzdem wirken sie – wenn sie auch materiell vorerst weder zu definieren noch zu fassen sind – auf das Geschehen im Kosmos ein. Dort, aber auch erst dort existiert für mich die Grenze, an der alle Forschung enden wird und wohl auch enden muß.

Ich möchte wünschen, daß meine Betrachtungen neue Wegweiser setzen, die einmal zu überzeugenden Resultaten führen. Ganz auf der Linie meiner Überzeugung, daß im Menschheitsgedächtnis Urerinnerungen auf ihre Wiederentdeckung warten, liegen zwei ›Fälle‹, die Pauwels und Bergier in ihrem Buch ›Aufbruch ins dritte Jahrtausend‹ anführen. Beide Fälle sind weit entfernt von okkulten Phantastereien. Einmal handelt es sich um den dänischen Nobelpreisträger Niels Bohr (1885–1962), der die Grundlagen für die heutige Atomtheorie schuf. Dieser weltberühmte Physiker erzählte, wie ihm die Idee seines über viele Jahre gesuchten Atom-Modells kam: Er träumte, er säße auf einer Sonne aus brennendem Gas. Zischend und fauchend rasten Planeten an ihm vorbei, und alle Planeten schienen durch feine Fäden mit der Sonne, um die sie kreisten, verknüpft zu sein. Plötzlich aber verfestigte sich das Gas, Sonne und Planeten schrumpften zusammen und erstarrten. In diesem Augenblick, sagte Niels Bohr, sei er aufgewacht. Er habe sofort gewußt, daß das, was er im Traum gesehen hatte, das Atom-Modell war. 1922 bekam er für diesen ›Traum‹ den Nobelpreis.

Der andere von Pauwels und Bergier erwähnte Fall hat auch zwei Naturwissenschaftler als träumende und handelnde Figuren: Ein Ingenieur der US-Telefongesellschaft Bell las 1940 Berichte über die Bombenangriffe auf London. Sie beunruhigten ihn sehr. In einer Herbstnacht sah er sich selbst im Traum, wie er die Konstruktion eines Gerätes aufzeichnete, das imstande war, Flak-Geschütze auf eine vorberechnete Bahn von Flugzeugen einzurichten und so zu fixieren, daß sie an einem bestimmten Punkt das jeweilige Flugzeug trotz seiner Geschwindigkeit treffen würden. Am nächsten Morgen skizzierte der Bell-Ingenieur, was er im Traum schon aufgezeichnet hatte. Es kam zur Konstruktion eines Gerätes, bei dem erstmalig Radar eingesetzt wurde. Die Fertigung bis zur Fabrikationsreife leitete der berühmte amerikanische Mathematiker Norbert Wiener (1894 bis 1964).

Ich meine: Was hier zwei geniale Naturwissenschaftler ›träumten‹, ruhte bereits auf dem Grunde ihres ›uralten‹ Wissens. Immer steht am Anfang eine Idee (oder ein Traum!), die (der) bewiesen werden muß. Ich halte es für gar keine so verwegene Unterstellung, daß eines Tages die Molekulargenetiker, die bereits wissen, wie der Genetische Code funktioniert, auch ermitteln werden, wieviel – und vielleicht sogar ›welches‹ – Wissen von fremden Intelligenzen in den Lochkarten unseres Lebens programmiert wurde. Es wäre phantastisch, aber warum eigentlich nicht denkbar, wenn man eines fernen Tages vielleicht sogar ermittelt, auf welches Codewort hin bestimmtes Wissen für einen bestimmten Zweck aus dem Urgedächtnis abgerufen werden kann!

Meiner Meinung nach gelangten im Laufe der Menschheitsentwicklung kosmische Erinnerungen immer stärker in unser Bewußtsein. Sie förderten die Geburt neuer Ideen, die zum Zeitpunkt des Besuchs der ›Götter‹ schon

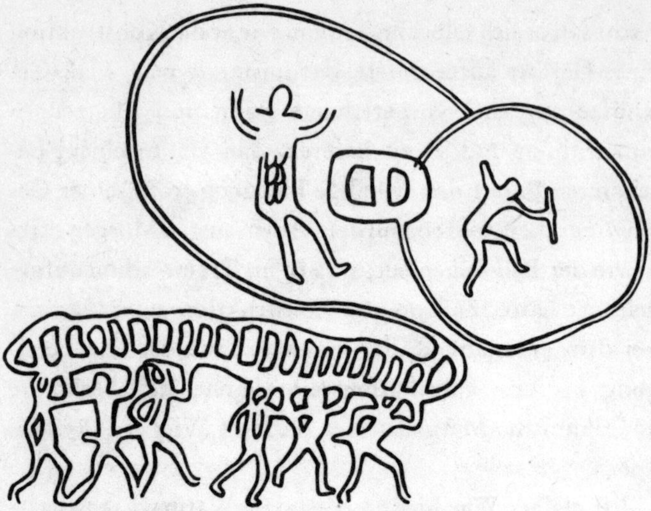

Über die Bedeutung dieser Felsmalerei aus Tell Issaghen II, Sahara, in der manche einen Mumientransport zu erkennen glauben, sind sich auch die Archäologen nicht einig. Die beiden Figuren rechts oben scheinen schwerelos im Raum zu schweben.

einmal Wirklichkeit gewesen sind. In glücklichen Momenten fallen die Barrieren, die uns von der Ur-Erinnerung trennen. Dann aber werden in uns jene Antriebskräfte mächtig, die das gespeicherte Wissen wieder an den Tag bringen.

Ist es denn nur ein Zufall, daß Buchdruck und Uhrwerk, daß Auto und Flugzeug, daß die Gesetze der Gravitation und die Funktion des Genetischen Code jeweils fast zur gleichen Zeit an verschiedenen Orten der Welt erfunden und ›entdeckt‹ wurden?

Ist es denn nur ein Zufall, daß der erregende Gedanke, es könnten einstmals fremde Intelligenzen unseren

Planeten besucht haben, zur gleichen Zeit aufkommt und in zahlreichen Büchern mit völlig verschiedenen Beweisführungen und Quellen belegt wird?

Es ist eine außerordentlich bequeme Methode, Ideen, für die scheinbar keine probaten Erklärungen zur Hand sind, als Zufälligkeiten abzutun. So einfach darf man es sich nicht machen. Schon gar nicht dürfen Wissenschaftler, die im allgemeinen hinter allen Vorgängen Gesetzmäßigkeiten zu entdecken bemüht sind, neue Ideen – mögen sie zunächst auch noch so utopisch scheinen – mit lapidaren Erklärungen aus dem Bereich ernsthafter Forschung verweisen.

Wir wissen heute, daß im Zellkern jedes Lebewesens der Plan für sein Werden und Vergehen codiert ist. Warum sollte nicht auch für die ganze Menschheit ein großer Plan vorgegeben sein, eine große lückenlose Lochkarte, in die urmenschliche und kosmische Erinnerungen eingestanzt sind? Diese Prämisse würde eine überzeugende Erklärung dafür bieten, warum zu irgendeinem Zeitpunkt weltbewegende Ideen, Entdeckungen und Erfindungen plötzlich existent werden: Der Zeitpunkt ist in den Lochkarten programmiert! Der Abtastmechanismus berührt die Speicherstellen der Lochkarten und ruft Vergessenes und Unterbewußtes ab.

Die Hektik des Alltags läßt uns keine Muße, das Unbewußte zu erkennen. Von immer neuen bewegenden Eindrücken abgelenkt, erreichen unsere Sinne die Speicherstellen der uralten Erinnerungen nicht. Für mich ist es deshalb kein Zufall, daß sich Mönchen in ihrer Zelle, Forschern in der Klausur ihrer Arbeit, Philosophen in der Abgeschiedenheit der Natur... und dem einsam Sterbenden die grandiose Schau über Erinnerungen an die Vergangenheit und eine Vision der Zukunft darbieten.

Wir leben alle seit Urzeiten in einer Evolutionsspirale, die uns unaufhaltsam in die Zukunft trägt, in eine Zukunft, die – wie ich überzeugt bin – bereits einmal Vergangenheit gewesen ist; nicht menschliche Vergangenheit, sondern Vergangenheit der ›Götter‹, welche in uns wirkt und eines Tages Gegenwart sein wird. Noch warten wir auf die exakten Beweise der Wissenschaft. Aber ich *glaube* an die Kraft jener auserwählten Geister, denen ein subtiler Abtastmechanismus gegeben ist, der ihnen eines künftigen Tages die in Urzeiten eingespeicherten Informationen von gewesenen Wirklichkeiten freigeben wird. Bis zu dieser glücklichen Stunde halte ich es mit Teilhard de Chardin: »Ich glaube an die Wissenschaft. Aber hat sich die Wissenschaft bisher jemals die Mühe gegeben, die Welt anders als von der Außenseite der Dinge her zu betrachten?«

V

DIE KUGEL – IDEALFORM FÜR KOSMISCHE FAHRZEUGE

Hatten die ersten Raumfahrzeuge Kugelform? – Was Te-Jho-a-te-Pange zu erzählen weiß – Was das ›Popol Vuh‹ über die Entstehung der Menschheit berichtet – Blinkende Eier fielen vom Himmel – Die Tassili-Kugel – Kugeln im Dschungel – Ungelöste megalithische Rätsel

Alle uns heute zur Verfügung stehenden Raketentypen sind ›bleistift‹förmig. Muß das so sein? Zeigt sich nicht immer wieder, daß im luftleeren Raum die Bleistiftform weder nötig noch ideal ist? Wenn das Raumschiff – das zum Unterschied von der Stufenrakete bereits kegelförmig ist – zum nahen Mond fliegt, muß es mehrmals um die eigene Querachse gedreht werden. Wie umständlich und risikovoll! Aus allen Raumflugberichten wissen wir, daß jeder Richtungswechsel ein höchst kompliziertes Steuerungsmanöver verlangt: In Millisekunden muß der Bordkomputer Abweichungen von der Flugbahn ermitteln und ebenso schnell die kleinen Steuerdüsen zur Kurskorrektur in Gang setzen. Eine einzige, ganz geringe Fehlsteuerung würde verheerende Folgen haben. Antriebsmaterial ist nur begrenzt verfügbar und würde bald verbraucht sein, die Steuerdüsen könnten die Kurskorrekturen nicht mehr ausführen, der Wiedereintritt des Raumfahrzeugs in die dicke

Erdatmosphäre wäre nicht mehr möglich; es würde, bis es verglühte, steuerungslos im Weltall dahinfahren.

Fraglos haben sich die bisherigen Raketen technisch bewährt. Denn mit den heute vorhandenen, noch immer relativ schwachen Antriebswerken können nur spitze Flugobjekte, die keine großen Reibungsflächen bieten, die dichte ›Mauer‹ der Erdatmosphäre durchstoßen. Für den Verkehr zwischen den Sternen aber sind spitze ›Nadeln‹ nicht ideal. Siehe oben!

Die Freisetzung höherer Antriebsenergien ist der Schlüssel, der das Tor in Konstruktionshallen für neue Raumfahrzeugtypen öffnet. Der Zeitpunkt, an dem die Technik über jetzt noch unvorstellbare Energien verfügen wird, liegt durchaus nicht mehr so fern. Die technische Verwirklichung könnte zu reinen Photonentriebwerken führen, die eine der Lichtgeschwindigkeit nahekommende Strahlgeschwindigkeit erreichen und für nahezu unbegrenzte Dauer Schub abgeben können.

Dann wird man nicht mehr mit jedem Kilo Nutzlast geizen müssen, wie etwa heute noch, da für jedes Kilogramm, das ein Fahrzeug mit auf die Mondreise nimmt, zusätzlich 5 180 Kilogramm Treibstoff benötigt werden. Dann werden die Raumfahrzeuge bald eine ganz andere Form haben.

Alte Texte und archäologische Funde rund um den Globus haben mich davon überzeugt, daß die ersten Raumfahrzeuge, die die Erde vor vielen tausend Jahren erreichten, Kugelform gehabt haben, und ich bin sicher, daß auch die Raumfahrzeuge der Zukunft (wieder) Kugelform haben werden.

Ich bin kein Raketenkonstrukteur, aber es gibt ein paar Überlegungen, die wir alle anstellen können und die durchaus überzeugend erscheinen: Eine Kugel hat weder ›vorn‹ noch ›hinten‹, weder ›oben‹ noch ›unten‹, weder ›links‹ noch ›rechts‹. Sie bietet in jeder Lage und Richtung die gleiche Angriffsfläche. Für den Kosmos, der auch kein ›oben‹ oder ›unten‹, kein ›vorn‹ oder ›hinten‹ kennt, wird die Kugel geradezu eine Traumform darstellen.

Unternehmen wir einen Rundgang durch eine heute noch wie eine Utopie anmutende Raumkugel. Seien wir dabei nicht kleinlich. Denken wir uns eine Kugel mit einem Durchmesser von 500 Metern. Dieses Ungetüm steht auf gefederten, einziehbaren Spinnenbeinen. Das Innere ist – wie bei unseren Ozeanriesen – in Decks verschiedener Größen unterteilt. Um den Bauch des Riesenballs, um seinen Äquator, läuft ein massiver Ring, in dem 20 oder mehr Triebwerke installiert sind, die sich alle – und das ist ein simples technisches Raffinement – um 180 Grad schwenken lassen! Sie werden, wenn der Countdown bei Null angelangt ist, gebündelte Lichtwellen in millionenfacher Verstärkung ausstrahlen. Soll sich die kosmische Kugel von der Planetenoberfläche oder von einer in der Umlaufbahn stationierten Startfläche erheben, so schleudern die Triebwerke ihre Lichtsäulen zunächst ›nach unten‹ gegen den Startplatz; sie geben der Kugel einen majestätischen Auftrieb. Ist sie im schwerelosen Bereich angelangt und bewegt sie sich auf Kurs zum Zielstern, dann werden nur noch ab und zu Triebwerke rund um den Äquator der Kugel zur

Kurskorrektur gezündet. Eine Gefahr, daß die Kugel in existenzgefährdender Weise aus der Bahn gerät, besteht nicht, denn sie kann sich jeder Situation sofort ›anpassen‹. Überdies stellt sich nun ein Vorgang ein, der für die Astronauten außerordentlich angenehm sein wird: Die Kugel gerät in Eigenrotation. Dadurch wird in allen äußeren Räumen eine künstliche Gravitation geschaffen, die den Zustand der Schwerelosigkeit so sehr mindert, daß fast irdische Bedingungen entstehen. Fliegt man auch zu den Sternen, bleibt man doch ein den Gesetzen der alten Erde verhafteter Mensch!

Wichtig ist zu erkennen, daß bei einer solchen Raumkugel Kurskorrekturen in alle Richtungen gefahrlos möglich sind. Die in dem stählernen Gürtel rund um den Ball montierten Triebwerke erlauben ein blitzschnelles Ausweichen oder Ausscheren in jede Richtung. Billardspieler können sich davon leicht eine Vorstellung machen: Will man nach rechts ausweichen, bekommt die Kugel einen leichten Effet aus einer links montierten Steuerdüse und umgekehrt.

Kugelraumschiffe, wie sie vielleicht seit Jahrtausenden die Galaxis durchziehen, sind nur winzige Partikelchen in der Unendlichkeit des Alls. Mit annähernder Lichtgeschwindigkeit dahinrasend, empfinden jedoch die Astronauten dieses Tempo nur wie ein langsames sanftes Dahinschweben. In ihrem Fahrzeug scheint die Zeit stillzustehen.

Was aber ereignet sich in der ›zeitlosen Zeit‹ im Innern der kosmischen Kugel? Nun, wenn Raumstationen dieser Größenordnung dereinst reisen, wird sich an

Bord wohl ein durchaus normaler Routine-Alltag abspulen. Automaten versehen den Sicherungsdienst, Computer bewachen den Kurs, Astronauten gehen in Labors wissenschaftlichen Forschungsaufgaben nach, erdenken neue, noch kühnere Projekte, beobachten Gestirne und sinnen über die Nutzung fremder Planeten. Während die Kugel Millionen Kilometer in der Minute zurücklegt, reihen sich für die Besatzung Tage zu Wochen, Wochen zu Monaten, Monate zu Jahren. Und in Tiefkühlsarkophagen wartet eine Ersatzmannschaft auf ihre biologische Wiedererweckung in der Nähe des Zielorts.

Zu gleicher Zeit aber vergehen auf zahlreichen Planeten ganze Kulturen, sterben Generationen, werden neue geboren, denn auf unserem Planeten und anderen Gestirnen rast die Zeit nach ›irdischen‹ Gesetzen dahin.

Ich will den Ausflug in die Utopie nicht übertreiben. Visionäre Zukunftsraumschiffe haben Science-fiction-Autoren oft genug mit letztem Pfiff beschrieben. Mein ›Kugelbericht‹ sollte lediglich die Phantasie auf einen sehr ernsthaften Gedanken vorbereiten: Was wird, wenn wir die ersten Brocken der Menschheitsüberlieferung aus dieser ›kosmischen Kugelsicht‹ betrachten?

Wir haben in der Schule gelernt, daß es am Anfang nur Himmel und Erde gab und daß die Erde wüst und leer war. Lediglich draußen in der Finsternis, so lehrte man uns, leuchtete ein Licht, und aus diesem Licht kam das Wort, das den Befehl für das Werden allen Lebens gab.

An der zeitlichen Abfolge dieser Genesis ist alles vollkommen logisch. Während der langen kosmischen Reise durch das All gab es freilich kein Licht, es war allerschwärzeste Nacht. Erst nach der Landung des kosmischen Vehikels auf dem Planeten ›ward Licht‹, und nun erlebten die unbekannten Wesen Tag und Nacht, und am Zielort konnte – auf ein befehlendes Wort hin – das Leben beginnen und Intelligenz entstehen.

In nahezu allen bekannten Schöpfungslegenden wiederholt sich die Ur-Wahrheit, daß aus dem Licht das Wort kam. Auf den polynesischen Inseln gab es, lange Zeit bevor dort die ersten Weißen landeten, eine reiche mündliche Überlieferung. Ein auserwählter Kreis von Priestern wachte sorgsam darüber, daß kein Wort der alten philosophischen und astronomischen Weisheiten verändert wurde. Westliche Zivilisation und christliche Missionierung aber überwucherten dieses reiche Wissen, das die ursprüngliche Bevölkerung besessen hatte. Im Jahre 1930 schickte das Bishop-Museum in Honolulu, das über die größte Polynesiensammlung der Welt verfügt, zwei Expeditionen in die Inselwelt. Man wollte jene Genealogie und jene Lieder sicherstellen, die die fragwürdigen Beglückungen westlicher Kolonisatoren überdauert hatten. Jahre später besuchte der schwedische Forscher Bengt Danielsson, der mit Thor Heyerdahl auf dem Kon-Tiki-Floß den Pazifik überquerte, zusammen mit seiner Frau einige Südseeinseln und zeichnete die im Bewußtsein der Insulaner noch lebendigen Überlieferungen auf.

Auf der kleinen Insel Raroia der Tuamotu-Gruppe

im Pazifischen Ozean, 450 Seemeilen nordöstlich von Tahiti, traf Danielsson einen alten Gelehrten, der sich Te-Jho-a-te-Pange nannte. Wie eine Grammophonplatte habe dieser Priester – berichtet Danielsson – die Geschichte seines Volkes heruntergeplappert. Sie ist verblüffend:

»Im Anfang gab es nur den leeren Raum, weder
Dunkel noch Helle, weder Land noch Meer, weder
Sonne noch Himmel. Alles war eine große,
schweigende Leere. Unbekannte Zeiten gingen
dahin ...«

Könnte der Bericht treffender sein? Muß uns ein ›Primitiver‹ im Lendenschurz, der sich von Kokosnüssen und Fischen ernährt und keinerlei technisches Wissen besitzt, darüber aufklären, wie es im Weltall aussieht? Doch lassen wir Te-Jho-a-te-Pange wieder zu Wort kommen:

»... Dann begann die Leere sich zu bewegen
und verwandelte sich in Po. Alles war noch dunkel,
tiefes Dunkel, dann begann Po selbst zu kreisen ...«

Hat man jetzt das Sonnensystem erreicht, ist man in den Bereich der Planetenbahnen gelangt (Leere begann sich zu bewegen)? Noch herrscht Dunkelheit. Eine Kugel – hier Po genannt – läßt sich ausmachen. Sie beginnt zu kreisen.

»... Neue, seltsame Kräfte waren am Werk.
die Nacht verwandelte sich ...«

Eine treffende Schilderung: Jetzt wirkt die Anziehungskraft des Planeten (... neue, seltsame Kräfte ...). Man sinkt in die Atmosphäre. Es wird taghell.

> »... der neue Stoff war wie Sand, der Sand wurde zum festen Boden, der emporwuchs. Schließlich offenbarte sich ›Papa‹, die Erdenmutter, und breitete sich aus und wurde zu einem großen Land ...«

Da war man also auf sicherem Boden, der sich weithin ausbreitet. Bevor man aber die Erdoberfläche, welche »emporwuchs« (dieser Eindruck entsteht, wenn man von oben darauf zufällt), erreicht hatte, mußte ein Stoff, der »wie Sand« war, durchquert werden. Ist damit die Lufthülle gemeint, welche an der Außenhülle des Raumschiffes ihre gewaltigen Reibungskräfte entfaltete?

Te-Jho-a-te-Pange fährt fort:

> »... Im Wasser waren Pflanzen, Tiere und Fische und vermehrten sich. Das einzige, was fehlte, war der Mensch. Da schuf Tangaloa den ›Tiki‹, der unser Ahnherr wurde ...«

Man sollte diesen Schöpfungsmythos nie mehr vergessen! Vielleicht tut es gut, ihn bald in unseren Schulen zu erzählen.

Einen anderen grandiosen Bericht überliefert das ›Popol Vuh‹. Dieses Buch, das zu den »großen Schriften des Menschheitsmorgens« (Cordan) gehört und den Charakter eines Geheimbuches besitzt, war die Heilige Schrift der Quiché – Indianer aus der großen Maya-Familie rund um den Atitlán-See im mittelamerikanischen Staat Guatemala.

Ihr umfangreicher Schöpfungsmythos behauptet, daß die Menschen nur zu einem Teil von dieser Erde stammen, daß ›Götter‹ das ›erste vernunftbegabte Wesen‹

schufen, alle mißlungenen Exemplare ihrer Schöpfung aber vernichteten und sich nach Erfüllung ihrer irdischen Aufgaben wieder in den Himmel erhoben, dorthin, wo des ›Himmels Herz‹ ist, nämlich zu Dabavil, das heißt zu dem, ›Der-im-Dunklen-sieht‹.

Hatte sich deshalb bei den Quiché-Indianern die Vorstellung von in Steinkugeln wohnenden Göttern eingeprägt, die aus dem Stein heraustreten können? Hat der Ballspielkult dieses Stammes, von dem das ›Popol Vuh‹ berichtet, hierin seine Wurzeln? Das Ballspiel als kosmisch-magischer Ritus, als Symbol des Flugs der Gestirne?

In der Reihe der Schöpfungsgeschichten, die meine These erhärten, ist ein weiterer Mythos – der der Chibcha (das heißt: Menschen) – geradezu ein Juwel. Die historische Heimat dieses Volks, das die Spanier 1538 entdeckten, ist das ostkolumbische Kordillerenhochland.

Der spanische Chronist Pedro Simon zeichnete in seinen ›Noticias historiales de las conquistas de tierra firme en las Indias Occidentales‹ die Mythen der Chibchas auf:

> »Es war Nacht. Noch gab es irgend etwas von
> der Welt. Das Licht war in einem großen
> ›Etwas-Haus‹ verschlossen und kam daraus
> hervor. Dieses ›Etwas-Haus‹ ist ›Chiminigagua‹,
> und es barg das Licht in sich, damit es herauskam.
> Im Scheine des Lichts begannen die Dinge
> zu werden ...«

Ich sehe die Übersetzer und Mythen-Deuter, wie sie sich bei dem Wort *›Etwas-Haus‹* kaum zu einer klaren

Aztekische Kultscheibe aus Serpentin. Sonnengott oder theologisch überhöhte Darstellung eines Kosmonauten?

These durchringen können. Wie gut aber, daß sie diesen nur schwer zu verstehenden Begriff stehen ließen und ihn nicht durch ein phantasievolles Synonym ersetzten. Vielleicht könnte man sonst die Tragweite dieser Überlieferung gar nicht mehr richtig deuten und seine volle Bedeutung begreifen. So aber können wir dieses ›Etwas-Haus‹ an unseren heutigen Kenntnissen messen. Da die Chibchas noch nie zuvor ein Raumfahrzeug gesehen hatten, wußten sie freilich nicht, wie sie ›Etwas-Haus‹ benennen sollten. So umschrieben sie es mit den Wörtern, die ihnen geläufig waren: Da war so etwas wie ein Haus gelandet, und daraus traten die ›Götter‹ hervor.

Stilisiertes Abbild eines kugelförmigen Raumfahrzeugs auf einem Zeremonialgerät (Anthropologisches Nationalmuseum in Mexiko).

Die Überlieferungen der Inkas in Peru wissen, daß, noch ehe die Welt geschaffen war, ein Mann namens ›Uiracocha‹ existiert habe (das ist Viracocha, der spätere Gott Quetzalcoatl), dessen kompletter Name Uiracocha Tachayachachic ›Schöpfer der Weltdinge‹ bedeutet. Dieser Gott sei ursprünglich Mann und Weib zugleich gewesen. Er habe sich in Tiahuanaco niedergelassen und an dieser Stelle ein Geschlecht von Riesen geschaffen.

Hat der in Sinn und Bedeutung bisher unerklärte Monolith in Tiahuanaco, das herrliche Sonnentor, vielleicht einen direkten Bezug zur überlieferten Schöpfungsgeschichte? Und: Interpretiert man die Sage von dem goldenen Ei, das aus dem Kosmos kam und dessen Insassen mit der Erschaffung der Menschen begannen, zu willkürlich, wenn man sie als Realität, nämlich als authentischen Bericht über ein Raumfahrzeug von fremden Sternen wertet?

Dieses goldene oder blinkende Ei, das vom Himmel fiel, ist geradezu ein Leitmotiv in den überlieferten Entstehungsgeschichten der Menschheit.

Auf der Osterinsel werden die Götter als ›Herren des

Weltenraums‹ verehrt. Unter ihnen ist Makemake der Gott der ›Bewohner der Luft‹. Sein Symbol ist das Ei!

In Tibet gibt es zwei seltsame Bücher: Kandschur und Tandschur. Eigentlich kann man bei diesen Werken schon nicht mehr von ›Büchern‹ sprechen, denn der Kandschur allein umfaßt 108 Folianten, die in neun großen Abteilungen 1083 Bücher zählen. Kandschur heißt ›das übersetzte Wort Buddhas‹; in ihm sind die heiligen Texte des Lamaismus gesammelt. Der Kandschur hat eine Bedeutung wie der Koran für den Islam. Tandschur heißt ›die übersetzte Lehre‹ und ist ein Kommentar von 225 Bänden zum Kandschur. Diese chinesischen Blockdrucke nehmen so viel Raum ein, daß sie in den Kellern mehrerer Dörfer, die in den tibetanischen Gebirgstälern versteckt liegen, aufbewahrt werden. Die Schriftabsätze sind in Holzblöcken von 1 m Breite, 10–20 cm Dicke und 15 cm Höhe eingeschnitzt. Da auf einer auf Pergament abgezogenen Seite dieser Folianten meistens acht Blöcke untergebracht sind, ist es begreiflich, daß das ›Urmanuskript‹ in den Kellern ganzer Dörfer untergebracht werden mußte. Erst ein Hundertstel dieser Texte, deren Entstehungszeit nicht festliegt, ist übersetzt. – In diesen beiden geheimnisvollen Werken ist immer wieder die Rede von ›Perlen am Himmel‹ und von durchsichtigen Kugeln, in denen die Götter hausen, um sich in großen Intervallen den Menschen zu zeigen. Gäbe es eine zielstrebige und koordinierte Forschung an Kandschur und Tandschur, würden wir vermutlich sehr, sehr viel über ›Götter‹ und ihre ehemalige Tätigkeit auf der Erde erfahren …

Meilenstein des Königs Melichkhon mit Sonne, Mond und einem erhaben gearbeiteten Rundkörper. Erde? Venus? Oder Raumkugel?

Im indischen Raum gilt der Rigveda als das älteste Buch. Das ›Lied von der Schöpfung‹, das er berichtet, versetzt uns wieder in den Zustand der Schwerelosigkeit und Lautlosigkeit, die in der Unendlichkeit des Weltalls herrscht. Ich zitiere aus Paul Frischauers Buch ›Es steht geschrieben‹:

»Weder Nichtsein noch Sein war damals. Nicht war
der Luftraum noch der Himmel darüber. Was
strich hin und her? Wo? In wessen Obhut?
Was war das Unergründliche? ...
Weder Tod noch Unsterblichkeit war damals.
Nicht gab es ein Anzeichen von Tag und Nacht.
Es atmete nach seinem eigenen Gesetz ohne Wind-
zug dieses *Eine*. Irgendein anderes als dieses
war nicht vorhanden.
Im Anfang war Finsternis in Finsternis ver-
steckt ... Das Lebenskräftige, das von der Leere
eingeschlossen war, das *Eine*, wurde durch die
Macht seines heißen Dranges geboren ...
Gab es denn ein Unten, gab es denn ein Oben? ...
Wer weiß es gewiß, wer kann es hier verkünden,
woher sie entstanden, woher diese Schöpfung
kam?«

Man muß es mit ganzem Bewußtsein zur Kenntnis nehmen, daß das ›Lebenskräftige von der Leere eingeschlossen‹ gewesen ist. Als Mensch des zwanzigsten Jahrhunderts kann man in diesem ›Lied von der Schöpfung‹ kaum etwas anderes erkennen als einen Bericht von einer Weltraumfahrt.

Welchen überzeugenden Grund aber gibt es dafür,

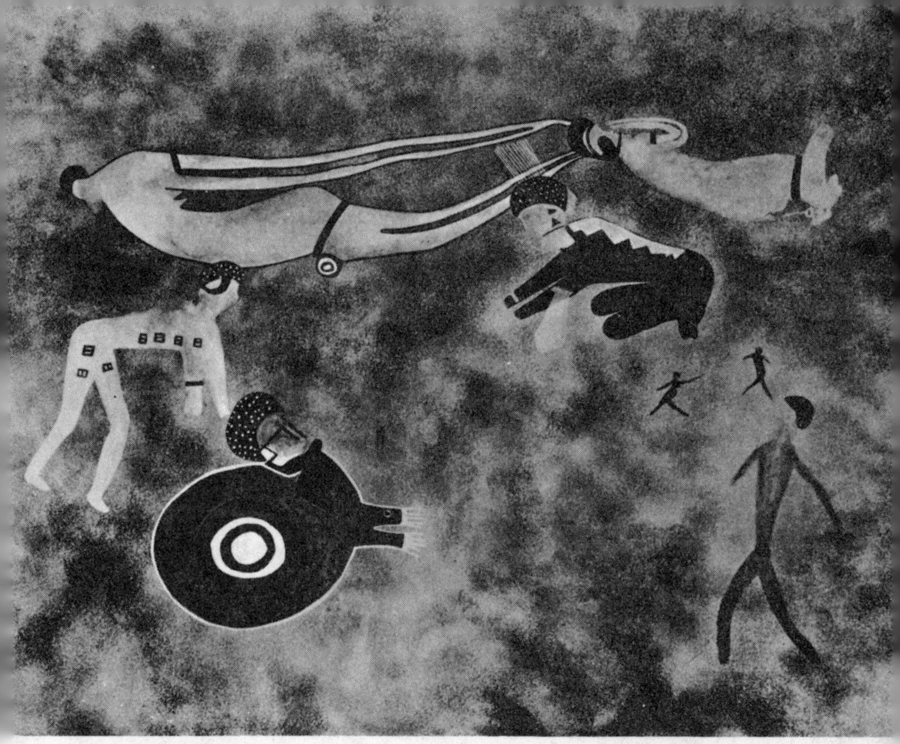

Etwa 8000 Jahre alte Felsmalerei aus Auanrhet, Tassili, mit seltsamen Figuren. Die aufgeklappte Luke und die beiden Auswüchse nach rechts an dem kugelförmigen Objekt geben Rätsel auf.

daß im grauen Altertum die Völker rund um den Globus Schöpfungsgeschichten mit dem gleichen *Kern* erzählten, ohne voneinander jemals zu wissen?

Das alte chinesische Schrifttum überliefert uns in dem Buch Tao-te-king eine der schönsten Definitionen über den Ursprung von Kosmos, Leben und Erde:

»Der Sinn, den man ersinnen kann,
ist nicht der ewige Sinn.
Der Name, den man nennen kann,
ist nicht der ewige Name.
Jenseits des Nennbaren liegt der Anfang der Welt.

Henri Lhote nannte diese fast 6 Meter hohe Figur von Jabbaren, Tassili, den großen ›Marsgott‹. Kosmonautischer sehen auch unsere Mondfahrer nicht aus.

Raumfahrer auf einer Felszeichnung im Val Camonica (Italien).

Diesseits des Nennbaren liegt die Geburt der Geschöpfe.«

Auch nach dieser Definition liegt der »Anfang der Welt« außerhalb unserer Sphären; diesseits, »diesseits des Nennbaren«, liegt nur die »Geburt der Geschöpfe«.

Den mumifizierten Toten gaben die ägyptischen Priester Texte mit ins Grab, die Anweisungen für das künftige Verhalten im Jenseits enthielten. Diese Totenbücher waren sehr ausführlich; sie enthielten Ratschläge für alle denkbaren Situationen. Ziel der Direktiven war die Wiedervereinigung mit dem Urgott Ptah. Eines der ältesten Gebete in einem ›Ägyptischen Totenbuch‹ lautet:

»O Welten-Ei, erhöre mich!
Ich bin Horus von Jahrmillionen!
Ich bin Herr und Meister des Throns.

Vom Übel erlöst, durchziehe ich die Zeiten
Und Räume, die grenzenlos sind.«

Ich fühle mich immer ausgesprochen wohl in meiner

40 Kilometer südlich von Fergana (Usbek, SSR) fand man diese Felsmalerei.

Haut, wenn ich Textinterpretationen mit bildlichen Darstellungen oder, besser noch, mit handfesten Steinmetzarbeiten ›belegen‹ kann. Kreise, Kugeln und Bälle gibt es auf Schritt und Tritt.

Im Tassili-Gebirge in der algerischen Sahara sind an vielen hundert Stellen der bemalten Felswände Gestalten in bizarren Anzügen zu sehen. Sie tragen Rundhelme und Antennen auf dem Kopf und scheinen schwerelos im Raum zu schweben. Hier sei vor allem auch die Tassilikugel erwähnt, die der Franzose Henri Lhote unter einem halbrunden Felsen entdeckte: In einer Gruppe von schwebenden Paaren – eine Frau zieht einen Mann hinter sich her – ist deutlich eine Kugel mit vier konzentrischen Kreisen zu sehen. Am oberen Kugelrand ist eine Luke aufgeklappt, aus der eine vollkommen modern wirkende Fernsehantenne ausgefahren ist. Aus der rechten Kugelhälfte aber recken sich unübersehbar zwei Hände mit gespreizten Fingern. Fünf schwebende Figuren, die die Kugel begleiten, tragen Helme auf den Köpfen, hautenge Kappen, weiß mit roten Punkten oder rot mit weißen Tupfen. Es sind markante farbige Helme. Astronautenhelme?

Würde man heute Kindern den Auftrag geben, mit einer Handvoll Farbstifte den Mondflug aus ihrer Kenntnis der Dinge zu zeichnen, käme dabei vielleicht etwas heraus, was den Malereien im Tassili ganz ähnlich ist. Denn im Geisteszustand eines Kindes haben sich ja wahrscheinlich die ›Wilden‹, die diese Erinnerungen an den Besuch der ›Götter‹ an die Felswände malten, befunden.

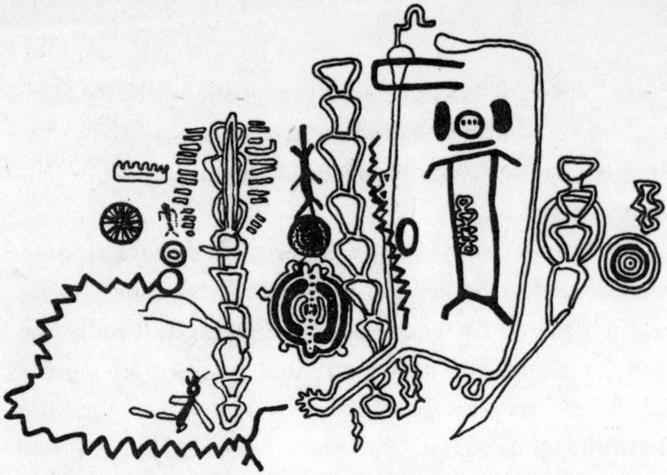

Verwirrende Felsmalerei aus Santa Barbara in Kalifornien. Man beachte die verschiedenen kugelförmigen Gebilde. Niemand hat dafür bisher eine plausible Erklärung finden können.

Nach Ansicht der Archäologen handelt es sich bei diesen Felszeichnungen aus Inyo County, Kalifornien, um Göttergestalten. Wen überzeugt das? Das linke Bild zumindest wirkt mehr technisch als göttlich.

Die Tassili-Kugel ›rollte‹ nicht als einziges Beweisstück über meinen Schreibtisch. Wer je in eine der nachfolgend aufgeführten Gegenden kommt, möge einen Film in der Kamera bereit haben; er kann dann Kugeln und Kreise in rauhen Mengen fotografieren – und über ihre Herkunft nachdenken. Die folgende Liste bringt freilich nur eine kleine Auswahl.

Maya-Kalender in Kreisform. Woher hatten die Mayas ihre astronomisch-mathematischen Kenntnisse? Steht die Form in Beziehung zu ihrem Inhalt?

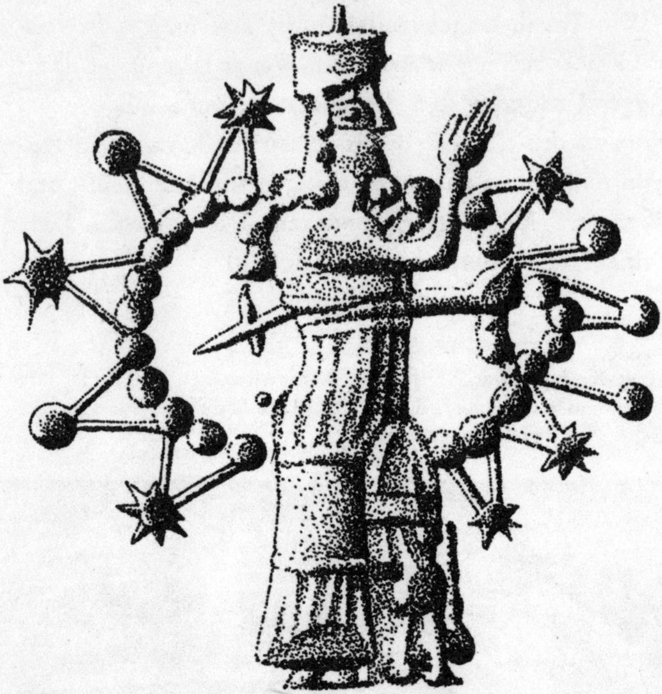

Detailzeichnung von einem assyrischen Rollsiegel. Im Hintergrund der von einem Stern bekrönten Figur ist die Darstellung eines Planetensystems zu erkennen.

Kivik	Schweden, etwa 80 km südlich von Simrishamn. In dem berühmten Felsengrab, das in jedem Reiseführer einen Stern hat, finden sich viele einfache sowie mehrere vertikal getrennte Kreise als Göttersymbole.
Tanum	Schweden, nördlich von Göteborg. Mehrere fabelhafte Kugeln und von Strahlen umgebene Kreise.

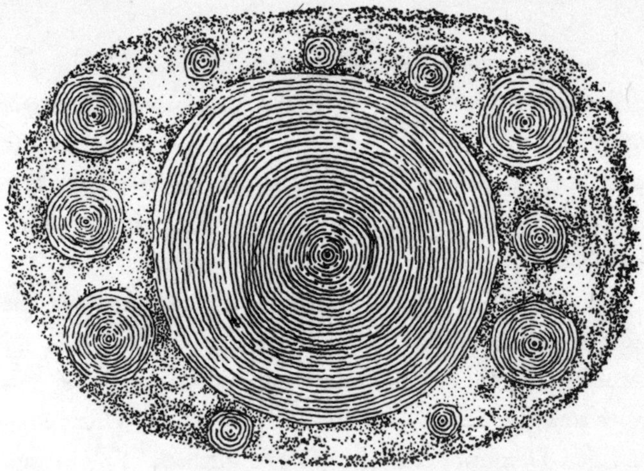

Zentralaustralisches Kultholz (sog. Tjurunga) aus dem National Museum of Victoria, Melbourne. Wiedergabe eines prähistorischen Weltbildes? Oder schematisierte Darstellung eines Planetensystems?

Val Camonica Italien, in der Nähe von Brescia. Etwa 20 000 prähistorische Bilder, darunter zahllose strahlende Kreise und ›Götter‹ mit Helmen.

Fuencaliente Spanien, 70 km nordöstlich von Cordoba. Viele Kreise und Kugeln mit und ohne Strahlenkranz.

Santa Barbara USA, 80 km nordwestlich von Los Angeles. Zum Teil ineinander verschlungene Kreise mit Strahlen.

Inyo County USA, Ost-Kalifornien am China-Lake. Ringe, Sterne, Kugeln, mehrfarbige Strahlen, ›Götter‹gestalten.

Kreis- und Kugelsymbole finden sich, scheinbar strategisch verteilt, an unendlich vielen Orten der Welt.

Resümieren wir: Alle Kugeln und Kreise – ob in den Schöpfungsmythen, ob auf prähistorischen Zeichnungen oder auf späteren Reliefs oder Bildern – stellen ›Gott‹ oder die ›Gottheit‹ dar. Meist sind die Strahlen erdwärts gerichtet. Ich meine, diese durchgängige Beobachtung sollte uns zum Nachdenken anregen ...

Ich bin davon überzeugt, daß die überlieferten Kugeln und Göttereier nicht nur religiös-symbolische Bedeutung haben. Wir sollten diese Zeichen endlich einmal auch unter anderem Gesichtswinkel ansehen. Unsere bisherigen Denkmodelle können grundfalsch sein. Bislang fehlten uns die Voraussetzungen, das Erbe der ›Götter‹ in den Zeugnissen und Dokumenten unserer Altvorderen voll und ganz zu erfassen. Aber heute, da der Mensch seinen Fuß bereits auf den Mond gesetzt hat, sollte er sich nicht mehr mit Erklärungen zufriedengeben, die in Jahrhunderten geprägt wurden, als das Weltbild noch fest gefügt war und der Mensch sich als ›Krone‹ der Schöpfung fühlte!

Um dieser Betrachtung einen witzigen Abschluß zu geben, darf ich erwähnen, daß knapp 30 km von meinem Wohnort entfernt, in Carschenna über Thusis, auf dem Boden der Gemeinde Sils im Kanton Graubünden, prähistorische Funde auf einer Strecke von 400 Metern freigelegt wurden. Und was kam bisher an den Tag? Beschriftete Felswände und Platten mit mehreren Ku-

Rechts: Zwei assyrische Rollsiegel. *Oben:* Zwei Tiermenschen tragen ein drittes geflügeltes Wesen. In einem eiförmigen Gebilde eine vierte Gestalt. *Unten:* An der Oberkante wiederum Darstellung von Sonne, Mond und kugelförmigen Flugobjekten. Der Gegenstand links oben erinnert an eine Flugmaschine.

Detailzeichnung der ›Flugmaschine‹.

geln, Kreisen, Spiralen und Kreisen mit Strahlen... Warum eigentlich reise ich in der Welt herum, wenn die Beweise für meine Theorie direkt vor meiner Haustür liegen?

Von Strahlen umgebene Kugeln, Eier und Flügelkugeln existieren nicht nur an Höhlen- und Felswänden, auf antiken Steinreliefs oder Rollsiegeln. Plastisch, aus festem Gestein liegen sie an den verschiedensten Orten der Welt – meist wahllos verstreut und in unwirtlichem Gelände. In den USA beispielsweise fand man Kugeln in Tennessee, Arizona, Kalifornien und Ohio.

Professor Marcel Homet, der heute in Stuttgart lebende Archäologe und Verfasser des berühmten Buches ›Söhne der Sonne‹, entdeckte im Jahre 1940 am oberen Rio Branco in Nordamazonas, Brasilien, ein riesiges Stein-Ei von 100 Metern Länge und 30 Metern Höhe.

Auf diesem gewaltigen Klotz, dem man den Namen ›Pedra Pintada‹ gegeben hat, fand Homet auf einer Fläche von etwa 600 Quadratmetern zahlreiche Schriftzeichen, Kreuze und Sonnensymbole. Der Archäologe versicherte mir gesprächsweise, es bestehe nicht der geringste Zweifel darüber, daß dieses Prachtexemplar keine Laune der Natur sei, sondern vielmehr die jahrzehntelange Steinmetzarbeit unzähliger Hände gewesen ist.

Die eigentliche archäologische Kugelsensation aber harrt im kleinen zentralamerikanischen Staat Costa Rica ihrer Enträtselung. Dort liegen mitten im Dschungel und auf hohen Bergen, in Flußdeltas und auf Hügeln Hunderte, wenn nicht gar Tausende künstlicher Steinbälle herum. Deren Durchmesser betragen zwischen wenigen Zentimetern und zweieinhalb Metern. Die schwerste bisher ausgegrabene Kugel wiegt 16 Tonnen!

Ich hatte von dieser Sensation gehört und reiste deshalb für zehn Tage nach Costa Rica, einem typischen Entwicklungsland, das vom großen Touristenstrom bisher verschont blieb. Der Anschauungsunterricht, den ich mir verschaffen wollte, war denn auch alles andere als eine Vergnügungsreise. Aber alle Strapazen wurden durch das, was ich zu sehen bekam, reich belohnt.

Die ersten Kugeln sah ich irgendwo im Flachland ohne ersichtlichen Grund herumliegen. Dann wieder fand ich mehrere Kugelgruppen auf dem Gipfel von Hügeln. Einige Exemplare lagen immer im Zentrum der Hügel-Längsachse. Ich watete durch den Schlamm eines Flusses

Diese Steinkugel (Durchmesser 2,16 Meter) steht als Zierde vor einem Gebäude in San José (Costa Rica).

und fand ganze Kugelherden in seltsamen, unverständlichen Gliederungen, denen aber eine bewußte Anordnung anzusehen war.

In der glühendheißen Diquis-Ebene liegen seit unbekannten Zeiten 45 Kugeln in der gleißenden Sonne.

Sollen sie etwas sagen, das zu verstehen wir unfähig sind, unfähig waren?

Um meine Neugier zu befriedigen, die Kugeln bei Piedras Blancas südöstlich des Coto River – ebenfalls in Costa Rica – zu sehen und zu fotografieren, brauchten wir für eine Strecke von nur 100 Kilometern mit einem Landrover einen vollen Tag. Immer wieder mußten wir Hindernisse aus dem Weg räumen, zu viert den Landrover anheben und um manche Kurven wuchten. Dann brachte uns der Wagen nicht mehr weiter. Bubu, ein Halbindio, der uns führte, lief eine Stunde lang vor uns her und räumte Getier aus dem Weg. Ohne seine Umsicht wären wir zweimal in Spinnennetze hineingelaufen, deren Ausmaße man sich einfach nicht vorstellen kann. Die ekelhaften Viecher sind durch ihren giftigen Biß lebensgefährlich.

Endlich standen wir vor zwei gewaltigen Kugeln, jede größer als wir selbst, mitten im Urwald. Gerade weil die Kugeln bei Piedras Blancas tief im Dschungel liegen, hatte ich sie mit eigenen Augen sehen wollen. Es wird behauptet, diese Kugeln wären erst einige hundert Jahre alt. Wer wie ich einmal hier gestanden hat, kann das nicht glauben. Der Dschungel selbst ist uralt, die Kugeln müssen nach meiner Überzeugung hier gelegen haben, ehe die üppige Vegetation zu wuchern begann.

Wir können heute zwar mit dem Aufwand erheblicher technischer Mittel Abu Simbel an einen anderen Ort ›verpflanzen‹, aber es scheint mir fraglich, ob selbst wir solche Kugeln in einen Urwald so ›deponieren‹ könnten, wie dies hier der Fall ist.

Ich habe noch mehr Kugeln in Costa Rica gesehen:
im Golfo Dulce liegen 15 Riesenbälle in einer schnurgeraden Linie
nördlich der Sierra Brunquera, in der Nähe des Städtchens Uvita, fand ich 12 Kugeln
im schlammigen Bett des Esquina-Flusses hat man vier Kugeln freigelegt
auf der Camaronal-Insel liegen zwei Bälle und
mehrere Steinbälle auf den Gipfeln der Cordillera Brunquera im Gebiet des Rio Diquis.

Die meisten dieser rätselhaften Kugeln bestehen aus Granit oder Lava. Die genaue Zahl der einstmals vorhandenen Steinbälle wird kaum noch zu ermitteln sein. Viele Prachtstücke zieren heute Gärten und Parks oder öffentliche Gebäude. Da in einer alten Sage außerdem berichtet wird, in der Mitte der Kugeln sei Gold zu finden, wurden viele Kugeln mit Hammer und Meißel zertrümmert. Bemerkenswert ist, daß bei allen Fundstellen weit und breit kein Steinbruch zur Herstellung der Bälle existiert. Wie andernorts fehlt auch hier jede Spur, die uns zu den ›Fabrikanten‹ zurückführen könnte.

Bei der Urbarmachung der Sümpfe und Wälder am Fuß der Cordillera Brunquera im Gebiet des Rio Diquis durch die United Fruit Company in den Jahren 1940 und 1941 entdeckte die Archäologin Doriz Z. Stone viele künstliche Kugeln. Sie schrieb darüber einen ausführlichen Bericht, der mit der resignierenden Feststellung schließt: »Die Kugeln von Costa Rica müssen zu den ungelösten megalithischen Rätseln der Welt gezählt werden.«

In der Tat wissen wir nicht, wer die Steinbälle schuf – wir wissen nicht, mit welchen Werkzeugen die Arbeit verrichtet wurde – wir wissen nicht, zu welchem Zweck die Bälle aus dem Granit herausgeschlagen wurden – und wir wissen nicht, wann das geschah. Alles, was die Archäologen heute zur Erklärung der Indian-Balls oder Sky-Balls, wie die Einheimischen die Kugeln nennen, sagen, ist spekulativ. Eine lokale Legende behauptet, jede Kugel repräsentiere die Sonne – eine Deutung, die sich akzeptieren ließe. Die Altertumsforscher lehnen diese Version aber ab, weil gerade in diesen Breitengraden die Sonne zu allen Zeiten als goldene Scheibe, Rad oder Diskus, nie aber als Kugel dargestellt worden sei – weder bei den Inkas noch Mayas oder Azteken.

Eines ist wohl sicher: Ohne mechanische Hilfe können die Steinkugeln nicht entstanden sein. Sie sind von einer Perfektion, wie man sie sich nur wünschen kann – im wörtlichen Sinne kugelrund und mit glattgeschliffenen Oberflächen.

Archäologen, die die Kugeln Costa Ricas untersuchten, stellten fest, daß keine Kugel vom gegebenen Durchmesser auch nur die geringste Abweichung aufweist. Diese Exaktheit läßt vermuten, daß die Hersteller gute Kenntnisse der Geometrie und zweckmäßige technische Geräte zur Verfügung gehabt haben.

Hätten die Steinmetze zunächst das Rohmaterial in den Boden vergraben und dann die jeweils herausragende Stelle bearbeitet, hätten sich zwangsläufig Unebenheiten und Ungenauigkeiten ergeben, weil die Abstände zu dem im Boden steckenden Teil nicht mehr kontrollierbar waren. Dieses primitive Verfahren scheidet völlig aus. Das Rohmaterial mußte auch von irgendwoher – weil es ja nahegelegene Steinbrüche nicht gibt – sehr mühevoll herantransportiert werden. Außerdem mußten die Steinblöcke aus Felsen herausgebrochen oder herausgeschnitten werden. Das Ergebnis meiner Überlegungen ist, daß viele Kräfte lange Zeit am Werk waren und daß sie über Werkzeuge verfügten, die eine so ausgezeichnete Bearbeitung erst ermöglichten.

Dies alles unterstellt, bleibt bis zuletzt unbegreiflich, warum die fertigen Kugeln an einen x-beliebigen Ort, etwa auf die Höhe einer Bergspitze, gerollt wurden. Was für eine absurde Idee, und was für ein gigantischer Arbeitsaufwand! Es gibt allerdings eine Erklärung, die aber nur für sehr oberflächliche Reiseführer geeignet scheint: Die Riesenkugeln seien durch Flußbetten gewälzt worden! Wenn es nicht um eine für mich so ernste Frage ginge, würde ich über soviel Einfalt lachen. In den schlammigen – streckenweise auch kiesigen – Flußbetten wären die schwergewichtigen Kugeln einfach steckengeblieben, versackt!

Den Vertretern dieser Flußbett-Theorie kommt eine Tatsache, die sich in allen Zeitläufen nicht geändert haben kann, auf eine recht ärgerliche Weise in die Quere: Zwischen den Granitbergen, in denen das Material für einen Großteil der Kugeln gebrochen worden sein muß, und den Fundstellen der Kugeln im Diquis-Delta breitet sich nicht nur weit und mächtig der dampfende Dschungel aus – drei kleine Flüsse sind ganz beträchtliche Hindernisse für einen Materialtransport solchen Umfangs ohne Tieflader, Kräne und Spezialfrachtschiffe. Nicht genug mit diesen Barrieren: Von den Granitfelsen her gesehen liegen die meisten Kugeln auch noch auf dem anderen Ufer des Rio Diquis! Die Spediteure hätten das Material also auch noch über dieses Hindernis hinweg›zaubern‹ müssen. Ich habe bemerkt, daß die Archäologen immer dann, wenn sie gigantische Transportleistungen nicht erklären können, zu der sogenannten ›Roll-Theorie‹ Zuflucht nehmen. Hier aber muß sie kläglich versagen, wenn man die Riesenkugeln auf den Gipfeln von Bergen sieht! Ein Fachmann hat mir gesagt, daß für die Herstellung eines Steinballes von 16 Tonnen Gewicht entsprechendes Rohmaterial von mindestens 24 Tonnen notwendig sei. Angesichts der zahllosen Kugeln ahnt man ungefähr, welche Rohmaterialmengen hier einst bewegt worden sind.

Ich hatte die Wunderwelt der Steinkugeln gesehen und mich von ihrer beunruhigenden Existenz überzeugt. Nun wollte ich versuchen, auch die Lösung dieses Rätsels zu finden. Wenn man aber die Costaricaner nach Herkunft und Bedeutung der Steinkugeln fragt, begegnet man Schweigen und Mißtrauen. Obwohl missioniert und durch ständige wirtschaftliche Kontakte mit dem Westen ›aufgeklärt‹, blieben die Einheimischen im Grunde ihres Wesens abergläubisch. Zwei Archäologen, die ich im Museo Nacional von San José befragte, erklärten, es handele sich bei den Kugelschöpfungen um einen Sternenkult, vielleicht auch um Kalenderdarstellungen, eventuell auch um religiöse oder magische Zeichen. Ich bohrte beharrlich weiter – eben weil mich diese

Deutungen nicht befriedigten –, mußte aber schließlich feststellen, daß für sie das Kugel-Mysterium immer noch unter einem mir unerfindlichen Tabu steht.

Da mir die zuständigen Archäologen nicht weiterhelfen konnten oder wollten, versuchte ich einige Indianer auszufragen. Durch den Umgang mit Eingeborenen in vielen Ländern geschult, spürte ich bald, daß sie irgend etwas fürchteten, sobald die Sprache auf die Kugeln kam. Es ist jedenfalls höchst erstaunlich, wenn diese Armen, die auf jeden Centimo scharf sind, sich auch gegen gutes Geld nicht bereit zeigten, mich auf einen knapp 600 Meter hohen Felsen mit drei Kugeln zu führen. Bubu war eine Ausnahme!

Ein Deutscher, der seit über vierzig Jahren in San José Besitzer der Pension ›Anna‹ ist, gilt als der Mann, der das meiste Material über die Kugeln besitzt. Ich sprach lange mit ihm über das Geheimnis der Kugeln. Er kramte viele eindrucksvolle Bilder hervor, benahm sich aber dabei, als hätte er das Geheimnis eines vergrabenen Goldschatzes zu wahren. Er zeigte mir Aufstellungsskizzen, Gruppierungen von Kugeln, aber er weigerte sich, deren Lage genau anzugeben. Ich durfte seine Skizzen nicht einmal kopieren. »Nein, das geht nicht!« war seine stereotype Antwort.

Hätte ich es nicht vorher gewußt, wäre mir bei meinem Aufenthalt in Costa Rica klar geworden, daß es um die Steinkugeln ein Geheimnis gibt. Lösen konnte ich es nicht, wohl aber hat sich meine Vermutung gefestigt, daß die prähistorischen Kugeln – und alle ihre Darstellungen in Reliefs und an Höhlenwänden – in einem ursächlichen Zusammenhang mit dem Besuch fremder Intelligenzen stehen, von Intelligenzen, die in einer Kugel auf unserem Planeten gelandet sind. Sie wußten bereits und hatten es erprobt, daß die Kugel die zweckmäßigste Form für interstellare Raumflüge ist.

Die weite Reise zurück zu den Sternen wird eines Tages, eines gar nicht so fernen Tages, auch von unserem Planeten aus wahrscheinlich in einem kugelförmigen Raumfahrzeug erfolgen – weil die Kugel die natürlichste aller geometrischen Formen für den Flug im All darstellt.

VI

GESTERN UTOPIE – MORGEN WIRKLICHKEIT

Die Venus – Ansiedlungsgebiet für die Menschheit? – Frankenstein-Methoden oder die Möglichkeiten des Genetischen Code – Vorausschau auf 1985 – Vorausschau auf 2000 – Wenn Wissen nicht mehr verlorengeht – Biotronische Kernspeicher

Für mein Buch ›Erinnerungen an die Zukunft‹ hatte ich ein Kapitel geschrieben, in dem ich eine Massendeportation von Menschen unseres Planeten auf einen anderen Himmelskörper voraussagte. Mit diesem utopisch anmutenden Vorschlag glaubte ich eine Lösung für das Problem der mörderischen Bevölkerungsexplosion, vor der es kein Entrinnen zu geben scheint, gefunden zu haben. Den zukunftsvisionären Bericht nahm ich schließlich vor der Drucklegung aus meinem Manuskript heraus. Ich wollte meine Leser nicht mit solchen ›unmöglichen‹ Gedanken konfrontieren oder gar erschrecken. Der Fortschritt überrollt meine Spekulation – ich hätte sie getrost anbieten sollen!

Es gibt inzwischen russische und amerikanische Experimente, die darauf abzielen, den heute noch abstrus anmutenden Gedanken zu verwirklichen. Die Forschungen von Professor Carl Sagan von der Harvard-Universität und von Professor Dmitri Martynow vom Sternberg-Institut in Moskau bewegen sich im Prinzip auf der gleichen Linie: Sie wollen die Venus für die Menschheit erobern, deren Entfernung von der Erde zwischen 42 Millionen (untere Konjunktion) und 257 Millionen Kilometern (obere Konjunktion) schwankt.

Für die Laborforschungen stehen ›Spähtruppmeldungen‹ der russischen Venus-Sonden und der amerikanischen ›Mariner‹ zur Verfügung. Die Meßwerte von Oberflächentemperaturen der Venus gab TASS am 6. Juni 1969 mit 400 bis 530° Celsius an. Sie stimmen annähernd mit den Meldungen der amerikanischen Mariner 5 aus dem Jahre 1967 überein, die etwa 480° und 50 bis 70 Atmosphären Druck zur Bodenstation funkte. Details erfuhren die Russen durch die weich gelandeten Sonden: Danach weist die Venuslufthülle einen Kohlendioxydgehalt von 93 bis 97 % auf; Stickstoff hat einen Anteil von 2 bis 5 %; der Sauerstoffgehalt scheint nur 0,4 % zu betragen. Bei einem Druck von knapp einer Atmosphäre registrierten die Meßgeräte einen Wasseranteil von nur 4 bis 11 Milligramm je Liter.

Diese Daten sind wertvolles Arbeitsmaterial. Beide, Martynow und Sagan, entwarfen auf Grund dieser Angaben Pläne für eine biologische Erschließung des Abend- und Morgensterns. Carl Sagan veröffentlichte seine Gedanken bereits in der wissenschaftlichen Zeitschrift ›Science‹, der man nachrühmt, daß sie keinen Beitrag bringt, der zuvor nicht vielfach geprüft worden ist und allen wissenschaftlichen Nagelproben standgehalten hat.

Sagan meint, in naher Zukunft – er spricht von einigen Jahrzehnten – würden Raumschiffe mit großen Frachträumen viele, viele tausend Tonnen Blaualgen in der Venus-Atmosphäre abladen, das heißt, in Richtung Venusoberfläche ›blasen‹. Blaualgen bleiben selbst bei hohen Temperaturen am Leben, reduzieren aber durch ihren Stoffwechsel den hohen Anteil an Kohlendioxyd. Durch diese laufenden Stoffwechselabsonderungen würde allmählich die Oberflächentemperatur fallen und schließlich unter 100° Celsius sinken. Blaualgen würden damit die gleiche chemische Umsetzung bewirken, wie sie dereinst in der ›Ursuppe‹ unserer Erde vor sich ging: Mit Hilfe von Licht und Wasser könnten Kohlendioxydteile in Sauerstoff umgewandelt werden. Hätten aber die Blaualgen die Temperatur auf unter 100° gesenkt, würde auf der Venus ein sintflutartiger Regen niedergehen. Licht, Sauerstoff und Wasser gäben dann die Voraussetzungen für erstes primitives Leben!

Da die Forscher bereits an eine Evakuierung des Menschen auf einen anderen Planeten denken, haben sie auch schon Schutzmaßnahmen für uns empfindliche, hochgezüchtete Lebewesen eingeplant: Im zweiten Teil ihrer Venuskolonisation sollen Chemikalien abgestäubt werden, um Kleinstlebewesen zu vernichten, die vielleicht der ›Krone der Schöpfung‹ gefährlich werden könnten.

Die Durchführung dieses gigantischen Projekts werden erst sehr ferne Generationen erleben. Denn obwohl durch die moderne technische Entwicklung solche Vorhaben beschleunigt werden können, müssen doch letztlich Zeitmaße angelegt werden, die dem Werden neuer Welten angemessen sind. Zur Zeit setzen die Forscher 1 000 Jahre an, bis das erste Evakuierungs-Raumschiff zur Venus fahren kann.

Wir werden von der Technik verwöhnt. Am 20. Juli 1969 sahen viele hundert Millionen Menschen, wie um 3 Uhr 56 Minuten und 20 Sekunden MEZ die beiden Astronauten Neil Alden Armstrong und Edwin E. Aldrin als erste Menschen den Mond betraten. Dieses bis dahin grandioseste Ereignis der Raumfahrt versetzte die Menschheit rund um den Globus in Bewunderung und Faszination. Aber derweil der Mensch den atemberaubenden Flug zum Mond verfolgt, beschäftigt sich die Forschung bereits mit Informationsflügen zum Mars und zur Venus und sogar mit einem großen Treck der Menschheit zum Schwesterplaneten der Erde. Wie die Eroberung des Mondes mit unbemannten Satelliten begann, so wird nun auch die Venus von unbemannten Sonden abgetastet. Am 18. Mai 1969 kam aus Moskau die Meldung, die Venus-Sonde 5 habe nach 130 Flugtagen die 250 000 000 km lange Reise mit einer Nutzlast von 1 130 kg beendet. Als die Sonde noch 50 000 km von der Venus entfernt war, funkte die Bodenstation den letzten Befehl: Die Sonde warf daraufhin an einem Fallschirm eine Instrumentenkapsel ab. TASS gab an, daß der Fallschirmabstieg 53 Minuten gedauert habe.

Die Entfernung der Venus von der Erde hängt vom Abstand ihrer Umlaufbahn zur Erde ab: Sie differiert zwischen 42 und 257 Millionen Kilometern. Die russischen Sonden erreichen die Venus nicht auf dem kürzesten Weg. Das klingt paradox. Aber das russische Prinzip für die Flugbahnen der Venussonden gilt heute noch für alle interplanetaren Flüge: Die Flugbahn richtet sich nach der geringsten Treibstoffmenge, die für den Transport des Raumfahrzeugs notwendig ist. Für den Start in die direkte Bahn zur Venus hätte man der Sonde eine Anfangsgeschwindigkeit von 31,8 km/sec geben müssen. Nicht nur für den Start, auch für das spätere Abbremsen der Anfangsgeschwindigkeit wären große Treibstoffmengen verbraucht worden. Die Ballistiker errechnen deshalb vorzugsweise Flugbahnen, die sich möglichst weitgehend der Bewegung der Erde angleichen. Die unter diesen Prämissen günstigste Bahn ist zwar zehnmal so weit wie die direkte Route, aber sie erlaubt eine Startgeschwindigkeit von 11,48 km/sec und einen weitaus geringeren Treibstoffverbrauch.

Was eigentlich ist noch wirkliche Utopie? Grundlagenforschungen werden in so atemberaubendem Tempo zur angewandten Wissenschaft, daß Science-fiction-Autoren es schwer haben, noch weiterhin Unausdenkbares zu erfinden.

Professor Hannes Laven, Direktor des Instituts für Genetik an der Universität Mainz, trat im Mai 1969 mit einem Bericht vor die Öffentlichkeit, nach dem ohne Anwendung von Insektiziden – jenen chemischen Mitteln also, mit denen bisher schädliche Insekten und deren Brut vernichtet werden – Milliarden von Insekten, die für Mensch, Tier und Pflanze als Krankheitsträger gefährlich sind, getötet werden können. Die Wirksamkeit seiner Forschungen hat Laven schon 1967 in dem von Mücken verseuchten Ort Okpo in Burma unter Beweis stellen können: Binnen weniger Monate war Okpo von der Mückenplage befreit.

Jahrelang hatte Laven in den Mainzer Laboratorien experimentiert. Er stellte dabei fest, daß es zwischen Mücken verschiedener Herkunft eine natürliche Unvereinbarkeit gibt. Mücken aus Norddeutschland zeigten sich zwar geneigt, mit ihren Artgenossen aus Schwaben eine Paarung einzugehen, aber die gegen alle föderalistischen Eigenheiten gezeugten Mückenkinder waren nicht lebensfähig. Wenn sich schon die Mücken verschiedener deutscher Provinzen nicht mögen, würden Mücken verschiedener Kontinente erst recht Zeuger und Gebärer lebensuntüchtiger Nachkommen sein – folgerte man in Mainz. So züchtete man eine Rasse aus kalifornischen und französischen Mücken, echte Bastarde also. Die Männchen der Mainzer Bastardrasse zeigten sich, als man sie nach und nach im Dorf Okpo in Freiheit setzte, sogar außerordentlich liebebedürftig, sie machten den burmesischen Mückenmännchen erfolgreich Konkurrenz. Aber aus den Eiern, die die von ihnen begatteten Weibchen legten, schlüpften keine neuen Mücken mehr aus. Die Chromosomenzahlen der verschiedenen Mückenrassen stimmten nicht überein – es fand eine genetische Vernichtung statt. Der Vorteil dieser genetischen Mücken-Vernichtung liegt auf der Hand: Die mit dem Versprühen von Insektiziden gelegentlich verbundene Gefährdung von Nahrungsmitteln und Pflanzen entfällt.

Auf der Basis jüngster genetischer Erkenntnisse treibt Professor Laven seine Forschungen weiter: Er bestrahlt Mückenmännchen mit circa 4 000 r Röntgenstrahlen. Diese Dosis bewirkt zwar noch keine organische Schädigung der Tiere, aber in der Samenflüssigkeit wird die

Chromosomenkette zwischen den Genen unterbrochen. Der Chromosomenhaushalt ist gestört, die Gene sind vertauscht, es entwickeln sich Tiere in einer nicht programmierten Reihenfolge, die zwar immer noch fortpflanzungsfähig, deren Nachkommen aber in jeder Weise reduziert sind. Von einigen so behandelten Mückengenerationen, die ihr gewünschtes Handikap nun immer weiter vererben, sagte Laven: »Gegen die Semisterilität ist kein Kraut gewachsen, weil sie erblich ist.«

Laven ist überzeugt, daß sein Modellversuch in verhältnismäßig kurzer Zeit auch gegen andere schädliche Insekten angewandt werden kann, ja daß auf diesem Wege auch den Rattenplagen in weiten Teilen der Welt beizukommen ist.

Die ungeheuren Möglichkeiten der Manipulation mit dem Genetischen Code sind keine Utopien. Wir gehen mit wissenschaftlichen Fakten um. Zwischen Gestern und Morgen freilich liegt der ›Abgrund‹, der übersprungen sein will. Was wir entdecken werden, hat es mit hoher Wahrscheinlichkeit schon einmal gegeben.

Die neuen Kenntnisse und Erkenntnisse werden eines Tages auch den für interstellare Flüge notwendigen menschlichen Organismus schaffen, der nicht erkrankt und der allen Belastungen gewachsen ist.

Seit über 20 Jahren beschäftigt sich die medizinische Wissenschaft mit Organtransplantationen, aber erst nach der Verpflanzung eines Herzens begann eine unfruchtbare und ungute Sensationsmache um diese bedeutungsvollen wissenschaftlichen Operationen. Als in den 40er Jahren Hautstücke und Zähne verpflanzt wurden, als man 1948 Knochen auswechselte, als man 1950 eine Niere transplantierte, krähte kein Hahn danach. 1954 war die erste Gliedverpflanzung an einem Hund erfolgreich. 1955 wurde einem Menschen eine fremde Lunge eingesetzt. 1967 gedieh eine Bauchspeicheldrüse in einem fremden Körper. 1969 wagten Ärzte die Übertragung einer Leber. Transplantationen von anderen Organen verliefen ebenfalls positiv.

Erst als es um das Herz ging, in dem gefühlsmäßig mehr als nur die Funktion einer einfachen Pumpe vermutet wird, löste diese Transplantation in allen Gazetten der Welt lebhafte Diskussion und heftigen Widerspruch aus. Seltsamerweise haben die Menschen, die so gern leben und so große Angst vor dem Tode haben, diesen Fortschritt der ärztlichen Kunst nicht einmütig bejubelt! Dabei ist es doch eine bedeutsame Perspektive, das Leben eines Menschen durch das Auswechseln eines defekten Organs retten zu können! Viele Ärzteteams beherrschen die chirurgischen Eingriffe. Sobald die Schwelle der Immunreaktionen herabgesetzt werden kann, ohne daß dadurch die körpereigene Infektionsabwehr gefährdet ist, dürften sich Transplantationen mit der Selbstverständlichkeit von Blinddarmoperationen durchführen lassen. Genau zu diesem Zeitpunkt aber wird die Beschaffung von Ersatzorganen Schwierigkeiten bereiten: Um in der Situation einer lebensentscheidenden Operation nicht von familiären und religiösen Tabus abhängig zu sein, wird man in ›Organbanken‹ menschliche Organe für einen noch unbekannten Empfänger sammeln. ›Blutbanken‹ gibt es heute in allen

Krankenhäusern rund um den Globus. Warum wohl hat man sich über diese Einrichtungen nicht erregt? Blut ist doch immerhin der Lebenssaft und ungleich geheimnisvoller als die Herz-Pumpe. Natürlich wird Blut von den Menschen freiwillig gespendet. Warum sollte dies eines Tages aber – von Menschen, die wissen, daß sie sterben müssen oder von deren Verwandten – nicht bei Organen ebenso sein?

Ich glaube, daß auch Organtransplantationen nur ein Übergangsstadium sind. Gelingt es eines Tages, die DNS-Doppel-Helix im Zellkern mit Informationen für den Neubau oder Wiederaufbau von Organen zu programmieren, dann werden die Frankenstein-Methoden bald vergessen sein. Der russische Wissenschaftler L. V. Poleschajew konnte bereits eine verletzte Schädeldecke zur selbständigen Regeneration bringen und sogar amputierte Gliedmaßen gezielt nachwachsen lassen. Eines Tages wird es auch eine Gen-Chirurgie geben. Utopie? Ich kann es nicht glauben, zumal ich weiß, daß Doktor Teh Ping Lin in San Franzisko schon 1966 eine Injektion in ein Mause-Ei gelang. Ein Mause-Ei ist nur ein Zehntel so groß wie ein rotes Blutkörperchen und mit dem bloßen Auge überhaupt nicht zu sehen!

Professor E. H. Graul, Direktor des Instituts für Strahlenbiologie und medizinische Isotopenanwendung an der Philipps-Universität in Marburg, und der Kybernetiker Dr. Herbert W. Franke gaben im ›Deutschen Ärzteblatt‹ eine Vorausschau auf die Medizin und ihre Grenzgebiete in den Jahren 1985 und 2000:

Vorausschau auf das Jahr 1985

- Beherrschung der Transplantation menschlicher und tierischer Organe, Ausschaltung von Immunreaktionen
- Routinemäßige Verwendung von künstlich hergestellten Organen beziehungsweise biologischen Systemen (Organprothesen aus Kunststoff und/oder elektronischen Bauteilen – im Sinne des Kyborg)
- Große Fortschritte auf gerontologischem und geriatrischem Gebiet. Die durchschnittliche Lebenserwartung liegt bei 85 Jahren
- Der Altersprozeß wird im positiven Sinne manipuliert, der altersbedingte Abbau wird sowohl in physischer als auch in psychischer Hinsicht verlangsamt
- Erste positive Ergebnisse über die Erzeugung primitiver Formen künstlichen Lebens
- Die biomedizinische Elektronik wird die praktische Medizin wesentlich beeinflussen (zum Beispiel elektronische Prothesen, Radar für Blinde, Gliedmaßen mit Servomechanismen und anderes mehr).

Vorausschau auf das Jahr 2000

- Einfrieren von Menschen auf Stunden oder Tage
- Bestimmung des Geschlechts von Kindern vor der Geburt
- Transplantationsmöglichkeiten für alle Organe
- Korrektur von Erbdefekten
- Laufende genetische Manipulationen von Tieren und Pflanzen
- Erzeugung künstlicher Formen primitiven Lebens

- Anwendung von Laserstrahlen des Röntgen- und Gammabereichs
- Allgemeine biochemische Immunisierung gegen Erkrankungen
- Allgemeine Verbreitung der Kyborg-Technik (künstliche Organe)
- Manipulation von Lebewesen durch elektrische Stimulation des Gehirns
- Drogen zur Kontrolle der seelischen Verfassung des Menschen, chemische Mittel zur Verbesserung des Gedächtnisses und der Lernfähigkeit.

Ich unterstelle: Fremde Intelligenzen haben über diese Fähigkeiten in grauester Vorzeit verfügt.

Ich unterstelle: Die ›Götter‹ haben diese Kenntnisse bei ihrem Erdenbesuch hinterlassen.

Ich unterstelle: Entdeckungen, die auf dem weiten Feld der Forschung noch vor uns liegen, sind seit Urzeiten im Menschheitsgedächtnis gespeichert und warten nur darauf, abgerufen zu werden.

Ein Schritt auf diesem Wege sind die Experimente David E. Breslers von der Universität Los Angeles und Morton Edward Bittermans vom Bryn Mawr College in Pennsylvanien. Sie setzten Fischen zusätzliches Gehirngewebe ein. Die um die transplantierte Gehirnsubstanz bereicherten Fische erwiesen sich schnell als wesentlich klüger als ihre unbehandelten Artgenossen. Am Cleveland Hospital (USA) läuft eine Versuchsreihe, bei der Hunden Affengehirne eingesetzt werden.

Warum rissen die Maya-Priester den Gefangenen das Herz bei lebendigem Leibe aus der Brust? War es Sadismus, rituelle Handlung oder Erinnerung an mißverstandene Operationstechnik der ›Götter‹?

Warum rissen die Maya-Priester ihren Gefangenen das zuckende Herz heraus?

Warum waren die Kannibalen davon überzeugt, daß sie mit dem Verspeisen der toten Feinde Kraft und Intelligenz übernehmen würden?

Warum behauptet ein Mythos aus grauer Vorzeit, daß der Körper dem Menschen nur auf Abruf gehöre und er ihn jederzeit seinem ›Gebieter‹ zurückgeben müsse?

Dürfen wir in dem über Jahrtausende geübten Menschenopfer mehr als nur eine okkulte Handlung vermuten? Sind es Bruchstücke an Erinnerungen von Transplantationen, Operationen, Zell-Regenerationen, die in fürchterlicher Verstümmelung Jahrtausende hindurch überliefert wurden?

Prüfen wir eine weitere Möglichkeit: Der ›denkende‹ Computer wird dem Menschen auch bei der friedlichen Eroberung des Universums dienstbar sein! Mögen seine Rechenleistungen heute noch so verblüffend erscheinen, die Informationsbeschaffung durch die elektronischen Wunderwerke steckt erst in den allerersten Anfängen.

Vor rund 200 Jahren errechnete der geniale Mathematiker Leonhard Euler die Konstante Pi zum Flächeninhalt eines Kreises bis auf 600 Stellen nach dem Komma aus. Er brauchte mehrere Jahre für diese fabelhafte Leistung. Einer der ersten Computer spuckte binnen weniger Sekunden über 2 000 Dezimalstellen der Konstanten Pi aus! Als kleine Hausaufgabe liefert ein moderner Computer 100 000 Stellen der Konstanten Pi nach dem Komma in einer Nanosekunde = 1 Milliardstel Sekunde!

Das ›Gehirn‹ des Computers, sein Zentralspeicher, operiert heute mit etwa 1 Million Informationseinheiten. In der Computerfachsprache heißen sie ›bits‹. Das menschliche Gehirn arbeitet auf eine sehr ähnliche Weise: Molekulare Gedächtniseinheiten und nervliche Schaltelemente speichern und verarbeiten Informationen. Schon der Säugling in der Wiege speichert sie – wenn auch unbewußt. Unser ganzes Leben lang speichern wir Informationen, um sie bei Bedarf abzurufen. Nur zu oft allerdings müssen wir feststellen: Sehr zuverlässig operiert unser Gehirn nicht mit dem ›gehorteten‹ Wissen.

Da funktioniert der Zentralspeicher eines Computers schon mit einer anderen Präzision! Dabei arbeitet unser Gehirn mit über 15 Milliarden Schaltstellen – ein großer moderner Rechner dagegen mit nur 10 Millionen Schaltstellen. Zwischen den Schaltstellen können weitere Elemente durch Querverbindungen hergestellt werden. Warum also arbeitet ein Computer soviel zuverlässiger als unser Gehirn? Neun Zehntel unseres Gehirns liegen in der Regel brach – der Computer dagegen hat alle seine ›bits‹ stets präsent.

Heute schon ist die Überlegenheit der Computer beschämend. Soll unser Gehirn maximal arbeiten, müssen wir uns auf eine bestimmte Aufgabe konzentrieren. Der Computer aber kann Millionen verschiedener Aufgabenstellungen zur gleichen Zeit erledigen.

Der zur Zeit schnellste Rechner in Europa arbeitet im Institut für Plasmaphysik in Garching bei München. Er führt 16,6 Millionen Rechenoperationen in der Sekunde aus. Im elektronischen Bauch des Rechners sind 750 000 Transistoren mittels fotolithografisch hergestellter Schaltmuster auf kürzestem Wege miteinander verbunden. Und die elektromagnetischen Wellen, die die Kommunikation herstellen, breiten sich mit der Geschwindigkeit des Lichtes aus! Computerleute gehen mit Schaltzeiten wie 1 1/2 Nanosekunden routinemäßig um. In 1 1/2 Nanosekunden legt der Lichtstrahl 45 cm zurück...

Wenn man aber weiß, daß der jüngste Computer der Control Data Corporation 36 Millionen Rechenoperationen in der Sekunde schafft, dann ist der schnellste Rechner Europas schon wieder ein ziemlich müdes Vehikel. Im Vergleich dazu ist eines der Modelle der General Electric, der Computer GE-235, schon als Heimcomputer zu bezeichnen: Er löst zwar nur 165 000 Aufgaben in der Sekunde, dafür braucht man ihn sich aber auch nicht gleich zu kaufen! Für 4 Cent pro Teilnehmer und Sekunde kann man seine Dienste abonnieren.

Auf einem Raum von nur einem Quadratmillimeter nimmt der Ferritkernspeicher eines modernen Computers 200 000 Zahlen auf. Magnetbandspeicher schlucken brav und immer wieder aufs neue 10 Millionen Daten. Und dabei sind Computer aller Arten ausgesprochene Vorzugsschüler: Sie kontrollieren sich selbst und machen keinen Fehler ein zweites Mal.

Heute brauchen Computer noch Dolmetscher, die unsere Sprache, Ziffern und Begriffe in die verschiedenen Computersprachen übersetzen. Schon für 1980 erwartet man das direkte Gespräch mit den unheimlichen Gesellen. In Amerika, vor allem aber auch in England, das in der Computertechnik weit fortgeschritten ist, bemüht man sich, die menschliche Sprache in Symbolgruppen aufzulösen, die der Computer versteht. In dieser Richtung forschen alle Computerhersteller. IBM aber, dem größten Computerproduzenten, ist die Sprache ein viel zu langsames Kommunikationsmittel zwischen Mensch und Rechner. Man sucht dort nach einem anderen Medium der Informationsübermittlung.

Götterfigur aus dem Val Camonica in Oberitalien. Der Kopfschmuck legt den Gedanken an ein Antennengerät nahe. Ein Kosmonaut also?

Ich sagte, daß die Computertechnik am Anfang ihrer großen Möglichkeiten steht. Die Zukunftsforschung steuert ein gespenstisches Ziel an: Den biotronischen Kernspeicher. Die Nukleinsäuren scheinen magnetische Eigenschaften zu besitzen. Erweist sich diese Vermutung als richtig, dann werden sie die kleinsten Informationsträger sein. Falls sich diese Forschungen realisieren lassen, wird der heute noch beträchtliche Umfang von Rechenanlagen auf die Größe menschlicher Gehirne zusammenschnurren. Biotronische Informationszellen hätten nur noch das ›Ausmaß‹ von Kettenmolekülen. Ich vermute, daß dieser Forschungsweg zum Ziel führen wird – aber ich fürchte, daß biotronische Rechner für Infektionen durch Viren und Bakterien anfällig sein werden.

Die interstellare Raumfahrt operiert mit Entfernungen von vielen hundert Millionen Kilometern. Bei den

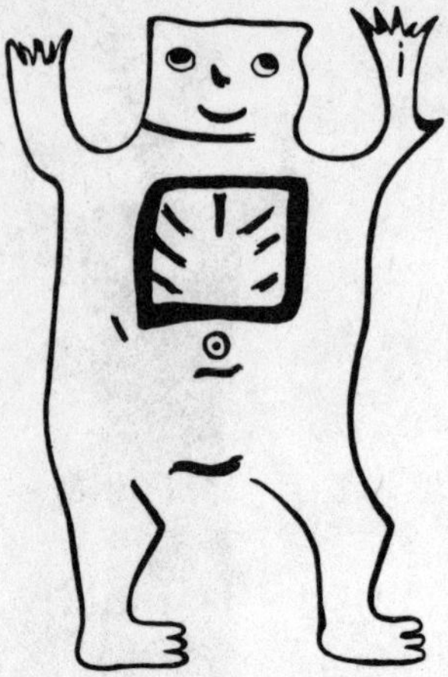

Die Mitte dieser Felszeichnung aus Toro Muerto (Peru) wirkt wie das Bild eines Thorax auf der Röntgenplatte. Bedeutung unbekannt.

zu erwartenden Geschwindigkeiten wird der Computer mehr als nur ein notwendiger Rechenknecht sein. Mögen sich die Computerhersteller heute noch gegen die Unterstellung wehren, Computer könnten eines schönen Tages selbständig denken und selbständig handeln – dieser Tag wird kommen. Dann werden Computer allein die Raumschiffe zwischen den Planeten steuern.

Es liegt mir fern zu behaupten, unsere Vorvorderen hätten etwas von Computern, integrierten Schaltkreisen oder elektronischen Meßgeräten gewußt. Da ich aber vom Erdenbesuch extraterrestrischer Intelligenzen überzeugt bin, müssen ihre Raumfahrzeuge mit entsprechenden Instrumenten operiert haben. Und da wir Menschen von den ›Göttern‹ programmiert sind, werden wir bald über die gleichen technischen Wunderwerke verfügen können.

VII

GESPRÄCHE IN MOSKAU

Japaner in Raumfahreranzügen –
Bei Professor Schklowskij im Sternberg-Institut –
Baian Kara Ula, Katastrophe vor 12 000 Jahren?

Samstag, 18. Mai 1968. Alexander Kassanzew, renommierter sowjetischer Schriftsteller, legte die drei Plastiken, deren Anblick mich zutiefst beeindruckt hatte, behutsam wieder in den Glaskasten zurück, der in seiner Moskauer Wohnung gegenüber dem Fenster steht. Es waren aus Bronze gegossene alte japanische Statuen, die Anzüge wie Raumfahrer zu tragen scheinen. Die größte dieser Statuen ist fast 60 cm hoch und hat einen Durchmesser von etwa 12 cm. Von den Schultern gehen enganliegende Bänder aus, die sich über der Brust kreuzen und dann zwischen den Oberschenkeln in Höhe des Gesäßes wieder vereinigen. Ein breiter mit Nieten besetzter Gurt umschließt die Hüfte. Über den ganzen Anzug bis hinab zu den Knien sind taschenähnliche Ausbuchtungen angebracht. Der Helm ist durch Wulste und Bänder eng mit dem Rumpf verbunden. Skurril anmutende Aussparungen scheinen Öffnungen für eingebaute Atem- oder Hörgeräte zu sein. An der unteren Hälfte des Kopfes bemerkte ich noch zwei weitere Öffnungen.

Das Faszinierende an den Figuren sind aber zweifellos große Brillen mit schräg gestellten Linsen. Waffen

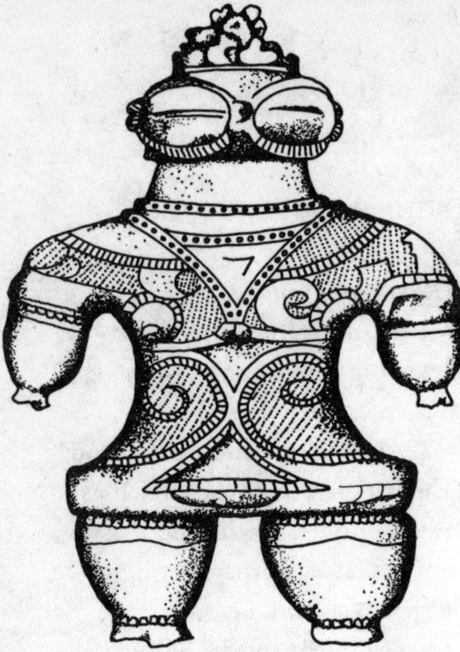

Skulptur von Tokomai. Niemand weiß zu sagen, wann jemals in Japan solche Schneebrillen getragen wurden. Schuf der Künstler diese Statue als Abbild eines Raumfahrers, den er mit eigenen Augen gesehen hatte?

entdeckte ich an ihnen nicht, es sei denn, man würde den kurzen Stab in der behandschuhten Linken als Waffe deuten. »Ein Mini-Laser-Strahl«, könnte der Autor eines utopischen Romans sagen.

Voller Neugier fragte ich Kassanzew: »Woher stammen diese Plastiken? Von wem haben Sie sie?«

Unter seinem Bart versteckte sich ein spitzbübisches Lächeln: »Noch vor dem Krieg, im Frühjahr 1939, schenkte sie mir ein japanischer Genosse. Die Figuren wurden bei Ausgrabungen auf der Insel Hondo in Japan gefunden. Man datiert sie weit vor unsere Zeitrechnung zurück. Die Gestalten haben auffallende, ja eindeutige Raumfahrermerkmale. Aber niemand vermag zu sagen, wieso und warum japanische Künstler ihre Klein-

Die viele tausend Jahre alte Statuette eines behelmten ›Gottes‹ mit eindeutigen Raumfahrermerkmalen.

skulpturen mit solchen Anzügen ausstatteten. Eines scheint jedoch festzustehen, daß auch im frühgeschichtlichen Japan weder ›Schneebrillen‹ noch Linsen dieser Art bekannt waren.«

Gleich danach fuhr mich Alexander Kassanzew mit seinem altersschwachen Auto über die wundervoll breiten Straßen der Metropole zum Sternberg-Institut der Moskauer Universität. Kassanzew hatte dort für mich ein Rendezvous mit Professor Josif Samuilovitsch Schklowskij, dem Direktor der Radio-Astronomischen Abteilung, arrangiert.

Man muß dieses Institut am Universitetskiprospekt 13 ›erlebt‹ haben! Es summt wie in einem Bienenstock, es wimmelt wie in einem Ameisenstaat. Pulte und Tische der Studierenden stehen kreuz und quer durcheinander, wo eben nur Platz ist. Leere Konservendosen dienen als Aschenbecher. An den Wänden riesengroße astronomische Karten und davor diskutierende Studenten. In einer Ecke streiten Studierende über eine mathematische Formel, in der gegenüberliegenden hantieren andere mit einem komplizierten Meßgerät. Hier wird – man spürt es bis unter die Haut – Forschung als Teamarbeit betrieben.

Die Tür zum Arbeitszimmer von Professor Schklowskij war nur angelehnt. Der Arbeitsraum selbst hatte den seltsamen Mischgeruch von Büchern, Akten und Staub, der – wie ich es oft erlebt habe – Räumen eigen ist, in denen das Alte bewahrt und das Neue kritisch geprüft wird.

Professor Schklowskij erhob sich hinter seinem wuchtigen, über und über mit bedrucktem und handgeschriebenem Papier bedeckten Schreibtisch und begrüßte mich mit einem mißtrauischen Lächeln: »Sie sind also der Schweizer!«

Es klang wie ein Vorwurf, als wollte der hagere Mann sagen: ›Wie kann der Angehörige eines so friedlichen, ruhigen Landes seine Mitmenschen durch so schockierende Theorien aufschrecken?‹ So begann denn auch unsere in Englisch geführte Unterhaltung zunächst ziemlich reserviert. Ruhig, überlegen, manchmal nach den treffenden Vokabeln suchend, setzte der berühmte Mann – und er weiß, daß er berühmt ist – seine Marsmond-Hypothese auseinander. Er vermutet, daß die beiden Monde unseres Nachbarplaneten künstliche Satelliten sind. Während er mir seine Argumente für diese Theorie erklärte, flocht er dazwischen immer wieder bescheiden ein, daß das alles nur seine ganz private Meinung sei.

Nach einem gemeinsamen Mittagessen in der überfüllten Mensa legte Professor Schklowskij sein wohl selbst anerzogenes Mißtrauen etwas ab. Wir gerieten in eine lebhafte Debatte über die unmöglichen Möglichkeiten im Kosmos. Am Ende konnte ich mit Befriedigung feststellen, daß auch dieser führende Fachgelehrte der östlichen Welt die Möglichkeit eines früheren Besuches fremder Intelligenzen aus dem Kosmos nicht ausschließt. Er vermutet in einem Radius von 100 Lichtjahren Planeten, die intelligentes Leben besitzen.

»Aber diese Entfernungen, Herr Professor! Wie sollen diese unermeßlichen Distanzen zwischen den Sternen überbrückt werden?«

Spontan antwortete Schklowskij: »Darauf gibt es selbstverständlich keine schlüssige Antwort. Automaten beziehungsweise kybernetisch gesteuerte Stationen sind vor dem Kalender ›normaler‹ Lebensjahre, wie Sie wissen, gefeit. Was also sollte einen Roboter daran hindern, eine 1000jährige Reise unbeschadet durchzuhalten? Einige der von uns auf die Reise geschickten Satelliten werden ja auch noch funktionieren, wenn wir schon längst in der Grube liegen.«

Das ist die Meinung eines mit der Materie vertrauten Wissenschaftlers. Sie weist auf die technische Möglichkeit der Überbrückung unvorstellbarer Entfernungen hin. Sie erklärt allerdings auch noch nicht, wie und wodurch Intelligenzen derartige Zeiträume überleben können.

Der hilfsbereite Alexander Kassanzew hatte mit seinem alten Vehikel auf mich gewartet. Er war bei den Studenten gewesen. Er ist im Institut wie zu Haus. Nun wollte er mich zum Puschkin-Museum fahren, das hervorragende Sammlungen assyrischer, persischer, griechischer und römischer Kulturzeugnisse besitzt. Unterwegs sprachen wir von faszinierenden Forschungsergebnissen, die eigentlich unsere Archäologen zutiefst bewegen müßten. Während wir den Prounzenskaia Quay entlangfuhren, berichtete mir Kassanzew viele Einzelheiten jüngster Erkenntnisse, und ich gab Stichworte in mein Mini-Diktiergerät. Wenn wir an Verkehrsampeln wie am Boulevard Zoubovski stoppten, ließ ich mir Namen und Orte deutlich buchstabieren. Das Magnetband meines Diktiergeräts trug mir so einen aufregenden Bericht heim, der Aufwand und Mühen der Reise reichlich lohnte.

Kassanzew berichtete vor allem von den merkwürdigen Funden im chinesischen Gebirgsmassiv Baian Kara Ula. Eine Geschichte, die wie ein Märchen anmutet.

Dies nun ist Kassanzews Bericht: »Es war 1938, als der chinesische Archäologe Tschi Pu Tei in den Gebirgshöhlen von Baian Kara Ula im chinesisch-tibetanischen Grenzgebiet einige Reihengräber entdeckte. Er fand kleine Skelette von Wesen mit zierlichem Körperbau, die aber trotzdem ziemlich große Schädel besaßen. An den Wänden der Höhlen entdeckte er Felszeichnungen, die Wesen mit Rundhelmen darstellten. Auch die Gestirne, Sonne und Mond, waren in die Felsen geritzt und durch Bündel erbsengroßer Punkte verbunden. Tschi Pu Tei und seine Helfer konnten, und das ist das Sensationelle an diesem Fund, 716 Teller aus Granitgestein bergen, Teller, die 2 cm dick sind und unseren Langspielplatten sehr ähnlich sehen. Diese Steinteller haben in der Mitte ein Loch, von dem spiralartig eine doppelspurige Rillenschrift bis an den Rand des Tellers ausgeht.

Die chinesischen Archäologen wußten, daß in dieser verlassenen Gegend einst die Volksstämme der Dropa und Kham (Sikang) gelebt hatten. Und von diesen Bergstämmen sagten Anthropologen, daß sie von kleinem Wuchs gewesen waren und im Schnitt nur 1,30 m groß wurden...«

»Und wie kommt es zu den großen Schädeln?«

»Genau diese Entdeckung war es, die alle bisherigen anthropologischen Klassifizierungen über den Haufen warf. Die großen breiten Schädel konnte man nicht auf die kleinen Skelette der Dropa und Kham pflanzen! Beim besten Willen nicht! Als Tschi Pu Tei dann 1940 seine Theorie veröffentlichte, erntete er nur Hohn. Tschi Pu Tei meinte nämlich, bei den Dropas und Khams müsse es sich um eine ausgestorbene Gebirgsaffenart gehandelt haben...«

»Wie entstanden dann aber die Steinteller? Sollen die von Affen gemacht worden sein?«

»Natürlich nicht. Die wurden nach Ansicht Tschi Pu Teis erst von Angehörigen einer späteren Kultur in den Höhlen deponiert. Seine Theorie schien auf Anhieb wirklich ziemlich lächerlich. Wer hätte je schon von Reihen-Affen-Gräbern gehört?«

»Wie ging es weiter? Wurden die Funde im großen

Archiv der ungeklärten anthropologisch-archäologischen Fälle abgelegt und vergessen?«

»Um ein Haar! Über 20 Jahre lang zerbrachen sich einige kluge Leute ihre Köpfe, um das Rätsel der Steinteller zu lösen. Erst 1962 konnte Professor Tsum Um Nui von der Akademie für Vorgeschichte in Peking einen Teil der Rillenschriften auf den Steinplatten entziffern...«

»Und was stand darauf?«

Kassanzew wurde ernst: »Die Geschichte, die entziffert wurde, war so haarsträubend, daß die Akademie für Prähistorische Forschung Tsum Um Nui zunächst jede Publikation seiner Arbeit untersagte.«

»Und dabei blieb es?«

»Tsum Um Nui ist ein zäher Bursche, er arbeitete hartnäckig weiter. Er konnte eindeutig beweisen, daß es sich bei den Rillenschriften keineswegs um einen perfiden Scherz irgendeines prähistorischen Schriftkundigen handelt. Manchmal zeigen ja auch ernsthafte Wissenschaftler Humor... In Zusammenarbeit mit Geologen wies er nach, daß die Steinteller einen hohen Gehalt an Kobalt und Metall haben. Physiker ermittelten, daß alle 716 Steinplatten einen hohen Vibrationsrhythmus besaßen, was darauf schließen läßt, daß sie irgendwann sehr hohen elektrischen Spannungen ausgesetzt gewesen sind...«

Kassanzew bog vom Kropotkinskaia Quay nach links ab und fuhr an den Straßenrand der Volkhonka-Straße. Der Wagen hielt vor dem Puschkin-Museum. Ich stand so sehr unter dem Eindruck seines Berichts, daß ich am Straßenrand wartend die Fortsetzung hören wollte.

Kassanzew aber zupfte mich am Ärmel und führte mich in das Haus. Wir setzten uns auf eine Bank zwischen den hohen Vitrinen.

»Bitte erzählen Sie weiter!«

»Tsum Um Nui hatte nun vier Wissenschaftler, die seine Theorie stützten. 1963 entschloß er sich, sie trotz der Bedenken der Akademie zu veröffentlichen. Ich habe gehört, daß die Publikation bei Ihnen im Westen zwar bekannt, aber nicht ernst genommen wurde. Auch bei uns befaßten sich nur wenige mutige Gelehrte mit der Steinteller-Theorie. Unser Philologe Dr. Wjatscheslaw Saizew veröffentlichte gerade jetzt Auszüge aus dem Steinteller-Bericht in der Zeitschrift ›Sputnik‹. Der Gesamtbericht wird in der Pekinger Akademie und im Historischen Archiv von Taipeh in Formosa aufbewahrt.«

»Und was ist so brisant und schockierend an dem Steinteller-Bericht?«

»Aufregend und merkwürdig ist der Bericht nur für jene, die sich ungern mit neuen Perspektiven unserer Abkunft befassen. Der Steinteller-Bericht behauptet, daß von heute zurückgerechnet vor 12 000 Jahren eine Gruppe ihres Volkes auf den dritten Planeten dieses Systems verschlagen worden sei. Ihre Luftfahrzeuge – das ist eine genaue Übersetzung der Rillen-Hieroglyphen – hätten jedoch nicht mehr genug Kraft gehabt, diese Welt wieder zu verlassen. Sie wären in dem weitab gelegenen und schwer zugänglichen Gebirge zerstört worden. Mittel und Möglichkeiten, neue Luftfahrzeuge zu bauen, hätte es nicht gegeben ...«

»Das steht alles auf den Steintellern?«

»Ja, und dann wird von diesen auf die Erde verschlagenen Wesen berichtet, sie hätten versucht, sich mit den Bewohnern des Gebirges gut zu stellen, aber man habe sie gejagt und getötet. Fast wörtlich schließt der Bericht: ›Frauen, Kinder und Männer versteckten sich bis zum Sonnenaufgang in den Höhlen. Dann glaubten sie den Zeichen und sahen, daß die anderen diesmal mit friedlichen Absichten gekommen waren...‹ So etwa heißt es am Schluß.«

»Gibt es Ergänzungen, die den Steinteller-Bericht in seinem realen Gehalt bekräftigen?«

»Da sind die Reihengräber, die Felszeichnungen und die Steinteller selbst. Da sind aber auch noch die chinesischen Sagen, die genau aus dem Raum Baian Kara Ula von kleinen spindeldürren gelben Wesen erzählen, die aus den Wolken herabgestiegen seien. Der Mythos behauptet ferner, daß die fremden Wesen ihrer Häßlichkeit wegen von den Dropas gemieden wurden, ja, daß sie von den Männern ›auf den flinken Wesen‹ getötet worden seien...«

»Warum, Kassanzew, wird diese faszinierende Geschichte nicht in der ganzen Welt erörtert? Ist sie überhaupt genügend bekannt?«

Mein Begleiter lächelte, legte seine Hand auf meinen Arm und sagte mit leiser Resignation: »Hier in Moskau ist die Geschichte bekannt, Sie brauchen sich nur umzuhören. Aber in dieser Geschichte stecken zu viele Fakten, die sich in dem mühsam aufgebauten Zeitkalender von Archäologie und Anthropologie nicht auf Anhieb unterbringen lassen. Kapazitäten, die Wert auf Rang und

Namen legen, müßten erhebliche Teile ihrer eigenen Hypothesen aufgeben, wenn sie von Baian Kara Ula ernsthaft Notiz nehmen wollten. Ist denn der Ausweg, zu schweigen oder diskret und überlegen zu lächeln, nicht sehr menschlich? Wenn anerkannte Wissenschaftler in enger Bruderschaft schweigen und lächeln, traut sich selbst der Kühnste nicht mehr an ein – zugegeben – heißes Thema heran!«

Ich bin noch zu jung, um resignieren zu können oder zu wollen. Ich glaube an die beunruhigende Kraft von Gedanken, die sich nicht totschweigen lassen.

VIII

LOHNENDE VERGANGENHEITSFORSCHUNG

Kurs Pisco – Nazca – Tarapacár – El Enladrillado – Signale für die ›Götter‹ – ›Stiefkinder‹ der Forschung

Als ich 1965 in Peru war, konnte ich den riesigen, 250 m hohen dreizackigen Kandelaber an der Küstenwand in der Bucht von Pisco nur auf eine Entfernung von etwa 2 km von der Meeresseite her betrachten. Für die Reise im Sommer 1968 hatten Hans Neuner und ich den Plan, an Land zu gehen, um wenigstens ein Stück einer Säule von der Sandschicht freizumachen und zu fotografieren.

Nach einem vergeblichen Versuch mit einem gemieteten Wagen, der immer wieder in den Sanddünen stekkenblieb, von Land aus den dreizackigen Kandelaber zu erreichen, überredeten wir einen Fischer, uns in die Bucht zu bringen. Gut zwei Stunden schaukelten wir in einer leichten Brise, bis der Fischer erklärte, nun könne er nicht näher an die Küste heran, weil sein Boot sonst Gefahr liefe, von den scharfen Unterwasserriffen aufgeschlitzt zu werden.

Es blieb uns keine Wahl, wir mußten in voller Montur und sogar mit Schuhen – der stechenden Fische wegen – ins Wasser gehen, um die restlichen 50 m an Land zu waten und zu schwimmen. Werkzeuge, Meßbänder,

Riesige Landemarkierung in der einsamen Bucht südlich von Pisco (Peru). Unübersehbar starrt dieses fast 250 Meter hohe phosphoreszierende Zeichen zum Himmel.

Kameras schoben wir, in Plastikbehälter verstaut, vor uns her. Als wir die ersten Küstenfelsen erreicht hatten, zogen wir unsere nassen Klamotten aus und stapften durch den heißen Wüstensand auf die Felswand zu.

Leider leihen wohlgesonnene Götter auch neugierigen Idealisten keine überirdischen Kräfte. Nach einigen Stunden emsiger Arbeit mußten wir einsehen, daß es über unsere Kraft ging, auch nur ein Stück des Dreizacks von der harten Sandschicht freizulegen.

Immerhin lohnten einige präzise Messungen und Feststellungen unsere Mühen: Die einzelnen Säulen des Dreizacks sind bis zu 3,80 m breit. Sie bestehen aus schneeweiß phosphoreszierenden Blöcken, die hart wie Granit sind. Ehe sie von Sand zugedeckt wurden, das heißt solange sie von den Urbewohnern saubergehalten wurden, müssen diese Signale für ›Götter‹ grell und leuchtend himmelwärts ›gerufen‹ haben.

Es gibt Archäologen, die den Dreizack an der Felswand der Bucht von Pisco als eine für die Schiffahrt bestimmte Küstenmarkierung ansehen. Gegen diese These spricht, daß der Dreizack in einer Bucht liegt und für anfahrende Schiffe keineswegs von allen Seiten her gesehen werden kann. Dagegen spricht auch, daß eine Markierung von diesem Ausmaß für die Küstenschiffahrt übertrieben groß gewesen wäre – und die Existenz einer Hochseeschiffahrt in Urzeiten ist mindestens fragwürdig. Dagegen spricht aber vor allem, daß die Schöpfer ihren Dreizack himmelwärts konstruierten. Es bleibt ferner zu fragen, wenn schon für irgendeine Art von Schiffahrt Navigationspunkte notwendig waren, warum nahm man dazu nicht die beiden Inseln, die in der Verlängerung der mittleren Säule des Dreizacks weit draußen im Meer liegen? Da boten sich naturgegebene Orientierungshilfen an, die jedem Schiff, gleich von welcher Seite es die Bucht anlief, weithin sichtbar gewesen wären. Warum also eine Markierung, die sowohl aus nördlicher, als auch aus südlicher Richtung kommende Seefahrer überhaupt nicht sehen konnten? Und warum ein Navigationszeichen, das himmelwärts weist? Daß es außer einer Sandwüste nichts, aber auch gar nichts gibt, was Seefahrer hätte locken können, und daß die Gewässer mit ihren scharfen Felsriffen für die Ankerung von Schiffen auch in Vorzeiten untauglich gewesen sein dürften, das sei – der Vollständigkeit halber – nur am Rande erwähnt.

Für meine These der ›himmelwärts‹ gerichteten Signale spricht noch eine andere Tatsache: Nur 160 km Luftlinie von Pisco entfernt liegt die Ebene von Nazca mit ihren geheimnisvollen Bodenmarkierungen, die man erst Ende der dreißiger Jahre unseres Jahrhunderts entdeckt hat. Seither bereiten die geometrischen Liniensysteme, abstrakten Zeichnungen und wohlgeordneten Gesteinsbrocken auf dieser vollkommen planen Steinwüste, die sich über ein etwa 50 km langes Gebiet zwischen Palpa im Norden und Nazca im Süden erstreckt, den Archäologen Kopfzerbrechen. Mir vermitteln sie unzweifelhaft den Eindruck einer Flugplatzanlage.

Wer über die Ebene von Nazca fliegt, glaubt einen ausgedehnten Flughafen mit strahlenförmig zusammenlaufenden Landepisten zu passieren. War hier einst ein Raumfahrzentrum der ›Götter‹?

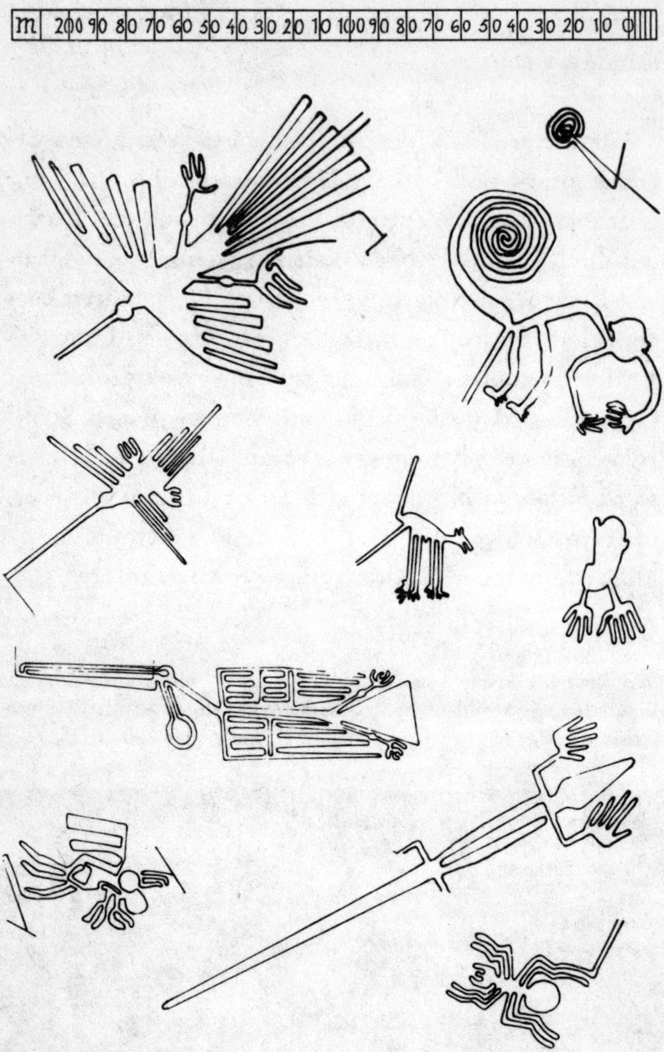

Diese Skizze von Maria Reiche verdeutlicht die Größenverhältnisse der stilisierten Figuren auf der Pampa von Nazca. Die größte (hier nicht eingezeichnete) Figur ist fast 250 Meter lang!

Wer die Ebene überfliegt, dem leuchten – selbst aus großer Höhe noch einwandfrei erkennbar – helle Linienbahnen entgegen, die sich kilometerlang dahinziehen, teilweise parallel nebeneinander verlaufen, sich schließlich kreuzen oder zu trapezoiden, bis zu 800 m langen Flächen zusammenlaufen. Zwischen diesen schnurgeraden Bahnen sind die Konturen überdimensionaler Tierfiguren zu erkennen, deren größte in ihrer ganzen Ausdehnung etwa 250 m mißt.

Aus der Nähe betrachtet, erweisen sich die Linien als vertiefte Furchen, die den gelblich-weißen Untergrund der Pampa freilegen und sich gegen die krustenartige Oberschicht aus braunem Wüstensand und oxydierten Steinen scharf abheben. Maria Reiche, die sich seit 1946 um die Erhaltung, Vermessung und Deutung der Bodenzeichnungen bemüht und zunächst mit Meßband und Sextanten Planzeichnungen der Dreiecke, Vierecke, der schnurgeraden Linien und der vielen Tierfiguren anfertigte, fand später heraus, warum der Boden oberhalb des Ingenio-Tales wie kaum ein anderer geeignet war, gut erkennbare Markierungen anzubringen, die die Jahrhunderte überdauern konnten: Im Nazca-Gebiet regnet es nämlich im Jahresdurchschnitt nur 20 Minuten. Sonst herrscht ein trocken-heißes Klima. Verwitterungen besorgt der sandtragende Wind, der auch alles lose Material, das auf der Oberfläche liegt, mit sich hinwegträgt und nur Geröll zurückläßt, das durch die großen Temperaturunterschiede immer mehr zerbirst. Darauf hat sich dann der sogenannte ›Wüstenlack‹ gebildet, der nach Oxydation braun glänzt. Um die riesigen Zeich-

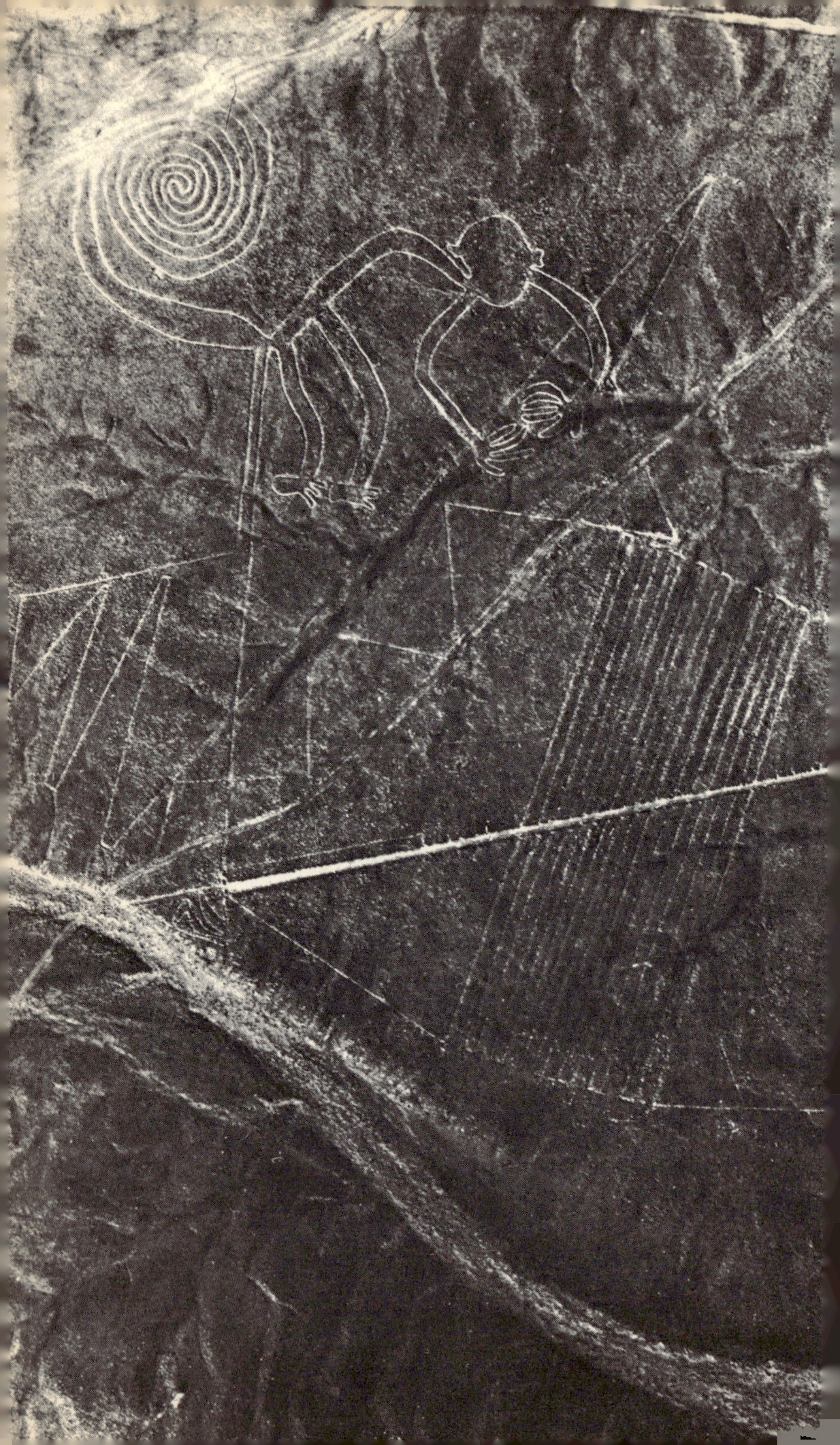

nungen auf dem hellen Untergrund aus feinem Anschwemmungsmaterial hervorzubringen, brauchten die Konstrukteure die dunklen Oberflächensteine also nur zu entfernen und den Boden auszuscharren.

Wer aber schuf diese ›Scharrbilder‹ und warum in einem Ausmaß, daß man sich von ihnen nur aus großer Höhe – etwa von einem Flugzeug aus – einen Gesamteindruck verschaffen kann?

Kannten die Erbauer bereits ein hochentwickeltes Winkelmessungssystem, mit dem sie ihre kleinen Entwürfe auf das exakteste ins Gigantische übertrugen?

Maria Reiche meint dazu: »Die Zeichner, die diese Vollkommenheit ihrer eigenen Schöpfungen nur von der Luft aus hätten erkennen können, müssen diese von vornherein in kleinerem Maßstab geplant und gezeichnet haben. Wie sie dann über große Entfernungen hin jedem Linienstück seinen richtigen Platz und seine Ausrichtung geben konnten, ist ein Rätsel, zu dessen Lösung man noch Jahre brauchen wird.«

Das Phänomen auf der Pampa von Nazca ist von der Wissenschaft bisher viel zuwenig beachtet worden. Zunächst glaubte man, bei den pfeilgeraden Linien handele es sich um alte Inkastraßen oder um Bewässerungskanäle. Das sind sinnwidrige Deutungen! Warum sollen ›Straßen‹ mitten in der Ebene beginnen und dann plötzlich wieder abbrechen? Warum sollen sich die Linien,

Links: Dieser etwa 80 Meter große Affe ist in ein auf das exakteste ausgeführtes geometrisches Liniensystem einbezogen, das ohne Kenntnis eines genauen Winkelmessungsverfahrens nicht denkbar erscheint.

wenn sie Straßen gewesen wären, in einem Koordinatensystem schneiden? Und warum sind sie nach der Windrose angelegt, da Straßen doch die Aufgabe haben, irdische Ziele, und zwar möglichst auf kürzestem Weg zu erreichen? Und warum sollen Bewässerungskanäle die Gestalt von Vögeln, Spinnen und Reptilien haben?

Auch Maria Reiche, die sich am längsten und intensivsten um die Enträtselung des Geheimnisses der Nazca-Ebene bemüht und darüber in ihrem 1968 erschienenen Buch ›Geheimnis der Wüste‹ berichtet hat, lehnt diese Interpretationen ab. Sie hält es vielmehr für wahrscheinlich, daß diese Zeichnungen über ihre religiöse Bedeutung hinaus der Kalenderwissenschaft zugerechnet werden können. Nach ihrer Vermutung enthalten die Bodenmarkierungen Himmelsbeobachtungen, die auf unzerstörbare Weise der Nachwelt überliefert werden sollten. Doch fügt sie einschränkend hinzu: »Es ist nicht absolut sicher, ob eine astronomische Ausdeutung aller Linien möglich ist, da es solche gibt (unter ihnen zahlreiche Nord-Süd-Linien), die keinem am Horizont innerhalb dieser Zeitepochen erscheinenden Stern entsprochen haben könnten. Falls aber Stellungen von Gestirnen nicht nur auf, sondern auch über dem Horizont aufgezeichnet werden sollten, würden die Auslegungsmöglichkeiten der Linien so groß sein, daß es außerordentlich schwierig sein würde, zu absolut beweisbaren Resultaten zu kommen.«

Links: Diese Bahnen verlaufen völlig parallel und setzen sich auf dem angrenzenden Steilhang fort. Sie verbinden zwei mit Bodenzeichnungen bedeckte Hochplateaus.

Ich weiß, daß Maria Reiche meine Deutung der geometrischen Zeichnungen von Nazca nicht teilt, da ihre bisherigen Versuchsergebnisse solche kühnen Schlüsse nicht rechtfertigen würden. Trotzdem sei es mir gestattet, meine Theorie zu erläutern:

In der Nähe des heutigen Städtchens Nazca landeten auf der menschenleeren Ebene irgendwann einmal fremde Intelligenzen und errichteten einen improvisierten Flugplatz für ihre Raumfahrzeuge, die in Erdnähe operieren sollten. Auf dem idealen Gelände legten sie zwei Pisten an. Oder markierten sie die Landebahnen mit einem uns unbekannten Werkstoff? Die Kosmonauten erledigten – wieder einmal – ihre Aufträge und flogen auf ihren Planeten zurück.

Die präinkaischen Stämme aber, welche die ihnen so ungeheuer imponierenden fremden Wesen bei der Arbeit beobachtet hatten, wünschten sich sehnlichst die Rückkehr dieser ›Götter‹. Sie warteten Jahre, und als sich ihr Wunsch nicht erfüllte, begannen sie – so wie sie es bei den ›Göttern‹ gesehen hatten –, neue Linien in die Ebene zu bauen. So entstanden die Ergänzungen der beiden ersten Pisten.

Aber die ›Götter‹ erschienen immer noch nicht. Was hatten sie falsch gemacht? Womit hatten sie die ›Himmlischen‹ verärgert? Ein Priester erinnerte sich, daß die ›Götter‹ von den Sternen gekommen waren, und gab den Rat, die lockenden Linien nach den Sternen auszurichten. Die Arbeit begann aufs neue. Es entstanden die nach den Gestirnen ausgerichteten Bahnen.

Die ›Götter‹ aber blieben aus.

Generationen waren inzwischen geboren worden und wieder gestorben. Die ursprünglichen, die echten Pisten der fremden Intelligenzen waren längst verfallen. Die nachwachsenden Indio-Geschlechter wußten nur noch durch mündliche Berichte von den ›Göttern‹, die einst vom Himmel hernieder gekommen waren. Die Priester machten aus den Tatsachenberichten heilige Überlieferungen und verlangten, daß man immer wieder neue Zeichen für die ›Götter‹ errichtete, damit sie eines Tages wiederkehrten.

Da man mit der Linienzieherei keinen Erfolg gehabt hatte, begann man, große Tierfiguren auszuscharren. Zuerst stellte man Vögel aller Art dar, Vögel, die das Fliegen symbolisieren sollten – später gab ihnen die Phantasie Umrisse von Spinnen, Affen und Fischen.

Zugegeben, das ist eine hypothetische Erklärung für die ›Scharrbilder‹ von Nazca. Aber könnte es nicht ungefähr so abgelaufen sein? Ich habe es gesehen, und jeder kann es sehen: Nur aus großer Höhe sind die Koordinaten der Landebahnen und die Tiersymbole erkennbar.

Doch damit nicht genug. Rings um Nazca gibt es an den Felswänden Zeichnungen von Menschen, aus deren Köpfen Strahlen schießen – Heiligenscheinen christlicher Darstellungen ähnlich.

160 km Luftlinie von Pisco entfernt: Nazca! Plötzlich kam mir der Gedanke: Besteht etwa zwischen dem Dreizack der Bucht von Pisco, den Gebilden der Ebene von Nazca und dem Ruinenfeld auf der Hochebene von Tiahuanaco ein Zusammenhang?! Mit einer minimalen Abweichung sind sie auf einer geraden Luftlinie mitein-

Scharrbilder auf den Steilhängen bei Nazca zeigen mehrere Meter hohe Figuren mit Strahlenkränzen, den Heiligenscheinen auf christlichen Darstellungen vergleichbar.

ander verbunden. Handelt es sich aber bei der Ebene von Nazca um einen Flugplatz und bei dem Dreizack von Pisco um ein Landesignal, dann müßten auch südlich von Nazca Landemarkierungen zu finden sein, weil man kaum unterstellen kann, daß alle Astronauten von Norden, von Pisco her einflogen.

Und in der Tat wurden in der Nähe der südperuanischen Stadt Mollendo – 400 km Luftlinie von Nazca –

bis hin in die Wüsten und Gebirge der chilenischen Provinz Antofagasta große Markierungen an hohen Schrägwänden gefunden, deren Sinn und Zweck bisher nicht geklärt werden konnte. An manchen Stellen sind Rechtecke, Pfeile oder Leitern mit gebogenen Sprossen zu identifizieren, oder man sieht ganze Berghänge mit teils ornamental ausgefüllten Vierecken. Man findet entlang der bezeichneten Luftlinie an schroffen Felswänden auch Kreise mit nach innen gerichteten Strahlen, Ovale, die mit einem Schachbrettmuster gefüllt sind, und an der schwer zugänglichen Felswand in der Wüste von Tarapacár einen gigantischen ›Roboter‹.

Über diese Entdeckung (750 km Luftlinie südlich von Nazca) berichtete die chilenische Zeitung El Mercurio am 26. August 1968 unter der Überschrift ›Neue archäologische Entdeckung durch Aufnahmen aus dem Flugzeug‹: »Einer Gruppe von Fachleuten ist es gelungen, aus der Luft eine neue archäologische Entdeckung zu machen. Als sie über die Wüste von Tarapacár flogen, die im äußersten Norden Chiles liegt, entdeckten sie eine in den Sand gezeichnete stilisierte Figur eines Mannes. Diese Figur ist etwa 100 m groß, und ihre Umrisse sind mit Steinen vulkanischen Ursprungs markiert. Sie befindet sich auf einer einsamen Anhöhe von etwa 200 m... In wissenschaftlichen Kreisen ist man der Auffassung, daß Lufterkundigungen dieser Art zur Erforschung der Prähistorie von großer Bedeutung sind...«

Teilnehmer der Expedition schätzen also, daß dieser ›Roboter‹ etwa 100 m groß ist. Sein Körper ist viereckig wie ein Kasten, seine Beine sind gerade, und auf dem dünnen Hals sitzt ein quadratischer Kopf, aus dem zwölf gleich lange, gerade Antennenstäbe herausragen. Sein linker Arm hängt nach unten, der rechte ist aufwärts angewinkelt. Von den Hüften ausgehend, sind am Körper bis zum Rumpfende rechts und links dreieckige Flugflossen angesetzt, Stummelflügeln von Überschalljägern ähnlich.

Diese Entdeckung verdanken wir Lautaro Nuñez von der Universidad del Norte in Chile, ferner General Eduardo Iensen und dem Amerikaner Delbert Trou, die bei einem Flug über die Wüste die Bodenformationen genau beobachteten. Diese in der Tat sensationelle Entdeckung wurde bei einem weiteren Erkundungsflug von der Leiterin des Archäologischen Museums in Antofagasta, Frau Guacolda Boisset, in vollem Umfang bestätigt. Auf den Höhen von Pintados entdeckte – und belegte man mit Luftaufnahmen – auf einer Strecke von 5 km eine Reihe weiterer stilisierter Figuren.

Im Sommer 1968 schrieb das Regierungsblatt ›El Arauco‹, Santiago: »Chile braucht die Hilfe eines Mannes, der unsere chronische Neugier befriedigt, denn weder Gey noch Domeyko (Archäologen) haben jemals etwas über jene Plattform El Enladrillado gesagt, von der die einen behaupten, sie sei künstlich angelegt worden, und die anderen, daß sie das Werk von Lebewesen von anderen Planeten sei.«

Im August 1968 wurden Einzelheiten über die Entdeckungen auf der Hochebene von El Enladrillado bekannt. Die felsbedeckte Hochebene ist etwa 3 km lang und an der durch die Zeitläufte unzerstörten Stelle etwa

800 m breit. Dieses Terrain vermittelt den Eindruck eines Amphitheaters. Falls seine Erbauer Menschen gewesen sein sollten, müßten sie über die legendären ›übermenschlichen‹ Kräfte verfügt haben! Die hier bewegten Felsblöcke sind rechteckig, 4 bis 5 Meter hoch und 7 bis 8 Meter lang. Hätten Riesen diese Städte benutzt, müßten auch sie noch überdimensional groß gewesen sein. Die Steinsessel lassen auf eine Unterschenkellänge von knapp 4 Metern schließen. Keine Phantasie ist üppig genug, sich auszudenken, welche Sterblichen diese Steinblöcke zu einem Amphitheater zusammengefügt haben könnten. Die Zeitung La Manana/Talca, Chile, vom 11.8.1968 fragt denn auch: »Könnte dieser Ort ein Landeplatz (für Götter) gewesen sein? Ohne Zweifel.« Was kann man sich noch mehr wünschen.

Die Hochebene von El Enladrillado kann man nur zu Pferde erreichen. Drei Stunden reitet man von dem kleinen Ort Alto de Vilches bis zu dem lohnenden Ziel in 1 260 m Höhe. Die vulkanischen Blöcke, die man dort in großer Zahl findet, haben in der Mitte eine so glatte Oberfläche, daß sie nur durch sorgfältigste Bearbeitung entstanden sein können. Auch auf dieser Hochebene läßt sich deutlich eine teilweise unterbrochene Piste erkennen, die etwa 1 km lang und 60 m breit ist. In der Umgebung fand und findet man prähistorische Werkzeuge, mit denen – angeblich – die 233 geometrisch zugeschnittenen Felsblöcke von je etwa 10 000 kg Gewicht bearbeitet worden sein sollen. Es sind die Bausteine zum Amphitheater.

Die Zeitung Conceptión/El Sur, Chile, hält in ihrem Bericht vom 25. 8. 1968 die Hochebene von El Enladrillado für ›einen geheimnisvollen Ort‹. Geheimnisvoll ist der Ort in der Tat – wie eigentlich alle Fundstätten prähistorischer Überlieferungen heute noch geheimnisvoll sind. Nach Westen zu geht der Blick über riesige Abgründe, über denen Kondore und Adler kreisen, und dahinter bauen sich Vulkane wie stumme Wächter auf. Dort, zu den westlichen Hügeln hin, gibt es eine 100 m tiefe natürliche Höhle, in der Spuren menschlicher Arbeit feststellbar sind. Zur Zeit deutelt man, ob hier Steinzeitmenschen eine Ader aus Obsidian (eine glasige Ausbildungsform verschiedener junger Ergußsteine) freigelegt haben, um eine Probe ihrer industriellen Fertigkeiten in Form von metallhaltigen Werkzeugen zu hinterlassen. Ich kann hier nicht ganz folgen: Steinzeitmenschen werden wohl kaum metallhaltige Werkzeuge besessen haben. Die bisherige These kann meiner Meinung nach nicht stimmen.

Bei geologischen und archäologischen Untersuchungen fand man einen Monolithen, der 2 m aus dem Boden ragte. Als man ihn mit vielen Mühen umdrehte, zeigte er auf der anderen Seite verschiedene Gesichter! Ein Rätsel, das sich würdig in den Fragenkreis um die Osterinsel einfügt ...

Noch eine Merkwürdigkeit verdient festgehalten zu werden: Inmitten der Hochebene stehen drei Felsblöcke von je 1 bis 1,50 m Durchmesser. Bei Messungen zu Beginn des vergangenen Jahres ermittelte man, daß zwei dieser Felsblöcke eine kompaßgenaue Linie von Norden nach Süden fixieren. Die Linie, die von den beiden Blökken zu dem dritten verläuft, schneidet mit einer ganz geringfügigen Abweichung den Horizont etwa an dem Punkt, an dem die Sonne im Zenit des Sommers steht. Wieder muß man fragen, ob hier eine ausgelöschte Rasse Spuren erstaunlicher astronomischer Kenntnisse hinterließ – oder ob hier Vorfahren auf einen ›höheren Auftrag‹ hin handelten.

Man kann und darf solche exakten Zeugnisse der Vergangenheit nicht mit ›zufälliger Übereinstimmung‹ erklären.

Der Leiter der wissenschaftlichen Expedition, Humberto Sarnataro Bounaud, vertritt im El Mercurio, Santiago, vom 26. 8. 1968 den Standpunkt, daß hier eine vergangene, uns unbekannte ›Kultur‹ am Werk gewesen sein muß, weil Eingeborene dieser Zone nie zu einer solchen Leistung fähig gewesen wären. Aber, meint Bounaud, man habe von der Hochebene als eines vortrefflichen Landeplatzes für alle möglichen Flugkörper bereits gewußt. Daher würden sich die geometrisch angeordneten 233 Felsblöcke erklären lassen, die himmelwärts gerichtete optische Zeichen gewesen sein könnten.

Wörtlich schreibt Bounaud: »Oder aber es war ganz einfach so, daß es sich um unbekannte Wesen handelt, die diesen Ort für ihre Zwecke benutzten.«

Aus zwei Gründen habe ich die jüngsten Funde auf der Hochebene von El Enladrillado so ausführlich dargestellt: Einmal wurden sie in Europa nur einem verhältnismäßig kleinen Kreis von Interessierten bekannt – zum andern passen sie hervorragend in meine These, daß mit den Markierungen in der Bucht von Pisco für die Kosmonauten eine Luftlinie begann, auf der Landeplätze bis in den hohen Norden Chiles angelegt waren.

Wir sollten uns immer wieder vergegenwärtigen: Die Schöpfer uralter Kulturen sind verschwunden, aber die Spuren, die sie hinterließen, blicken uns immer noch fragend und herausfordernd an. Um auf diese Fragen zutreffende Antworten zu finden, um dieser Herausforderung zu begegnen, sollten die archäologischen Forschungsstellen von ihren Regierungen, aber vielleicht auch von einer Weltorganisation ausreichende Mittel bekommen, mit denen sie ihre Forschungen systematisieren und intensivieren können. Es ist richtig und notwendig, daß die Industrienationen Milliardenbeträge in Zukunftsforschungen stecken. Darf aber deshalb die Erforschung unserer Vergangenheit als ›Stiefkind‹ der Gegenwart behandelt werden? Es könnte der Tag kommen, an dem unter allen Stufen militärischer Geheimhaltung ein archäologisches Forschungswettrennen beginnt. Es wird dann eine Situation entstehen, wie wir sie mit der Erstlandung auf dem Mond miterlebten – aber das dann beginnende Wettrennen wird keine Prestigefrage sein, vielmehr ein Problem von blankem realem Nutzen.

Ich darf unter diesem Aspekt einige Orte nennen, an denen intensive moderne Forschung wahrscheinlich manche Rätsel unserer Vergangenheit in einer für die Technik lohnenden Weise ›dechiffrieren‹ könnte:

Auf der Insel Santa Rosa, Kalifornien, wurden

Reste einer menschlichen Siedlung gefunden, deren C-14-Datierungen ein Alter von 29 600 Jahren ergaben.

20 km südlich des spanischen Städtchens Ronda liegt in einem einsamen Bergtal die Höhle von La Pileta. Es konnte nachgewiesen werden, daß in dieser Höhle von 30 000 bis 6 000 v. Chr. Menschen gehaust haben. An den Höhlenwänden finden sich seltsam stilisierte Zeichen, bei denen es sich nicht um sinnloses Gekritzel handelt, denn sie sind meisterlich ausgeführt und wiederholen sich oft. Es könnte sich um eine Schrift handeln.

Im Gebirge von Ennedi, Südsahara, entdeckte Peter Fuchs Felsgravuren von vier Frauengestalten, wie sie sonst nirgends in Afrika wieder vorkommen. Die Körper der Gestalten tragen Kleider und Tätowierungen, die solchen, die im südpazifischen Raum gefunden wurden, ähnlich sind. Zwischen der Südsahara und den Pazifischen Inseln liegen aber immerhin 25 000 km Luftlinie!

Aus vielen Höhlenzeichnungen in Afrika und in Europa sind seit langem die sogenannten ›Labyrinth‹-Darstellungen bekannt. Dabei handelt es sich um Zeichnungen von Irrgärten, mit denen man bis heute nichts anzufangen weiß. Nun aber fanden sich solche Labyrinth-Symbole auch an südamerikanischen Felswänden – besonders im Territorio Nacional de Santa Cruz und im Territorio de Neuguen, Argentinien. Gab es doch einen ›Gedankenaustausch‹ der Künstler für ihre Dar-

Anbetungsszene auf einer Felszeichnung in Peru. Die gezackten Linien sind nach peruanischer Überlieferung Attribute des Göttlichen.

stellungen, oder wie sonst ist die Wiedergabe der gleichen Symbole zu erklären?

Der argentinische Forscher Juan Moricz hat nachgewiesen, daß im alten Reich der Quito, Südamerika, schon vor der spanischen Eroberung die Sprache der Magyaren gesprochen wurde. Er fand gleiche Familiennamen, gleiche Ortsnamen und dieselben Begräbnisgewohnheiten. Wenn die alten Magyaren einen Toten begruben, wurde er mit den Worten verabschiedet: »Er wird im Gestirn des Großen Bären aufgehen.« In den südamerikanischen Tälern von Quinche und Cochasqui aber gibt es Grabhügel, die getreue Nachbildungen der sieben Hauptsterne des Großen Bären sind.

Zwischen Abancay und dem Rio Apurimac, Peru, auf der Strecke Cuzco–Macchu-Picchu, liegt auf einem kleinen Hügel seit Urzeiten ein Stein von 2,50 m Höhe und 11 m Umfang. Dieser Piedra de Saihuite trägt Reliefs, die wunderbare Terrassen, Tempel und ganze Häuserblocks zeigen, dazu seltsame ›Abflüsse‹ und wiederum bisher unentzifferte Schriftzeichen. Ähnliche Reliefs in diesem Raum sind unter den Namen Rumihuasi und Intihuasi bekannt. Rumihuasi zeigt das Modell eines Tempels mit einer 1,40 m hohen Nische.

Im Februar 1967 veröffentlichte das angesehene National Geographic Magazine, USA, einen Bericht über den kleinen Volksstamm der Ainu, der auf der japanischen Insel Hokkaïdo lebt. Die Ainus behaupten heute noch mit voller Überzeugung, und sie belegen es mit ihren Mythen, daß sie direkte Nachfahren von ›Göttern‹, die aus dem Kosmos kamen, seien.

Auf einer Vase, die im Vatikan steht und die aus dem 6. Jahrhundert v. Chr. stammt, ist Apollo dargestellt, wie er über das Meer fliegt. Apollo sitzt, die Leier schlagend, auf einem sogenannten Dreifuß, eine Schale mit drei langen Beinen. Die Konstruktion wird durch drei mächtige Adlerflügel in der Luft getragen.

Im Park-Museum Villahermosa, Tabasco (Mexiko), steht ein sauber bearbeiteter Monolith, auf dem eine Schlange oder vielmehr ein ›Drachen‹

Der ›Drachen‹-Monolith im Olmeken-Park von Villahermosa (Mexiko).

dargestellt ist, der die drei Seiten des Kolosses einfaßt. Im Innern des Tieres sitzt ein Mensch mit gekrümmtem Rücken und hochgelegten Beinen. Die Fußsohlen bedienen Pedale, die linke Hand liegt auf einem ›Schalthebel‹, die rechte trägt ein Kästchen. Der Kopf ist von einem fest anliegenden Helm umschlossen, der auch Stirn, Ohren und Kinn einfaßt und der nur das Gesicht frei läßt. Direkt vor den Lippen kann man ein Gerät als Mikrofon identifizieren. Kleidung und Helm der sitzenden Gestalt sind fest miteinander verbunden.

Auf einem breiten, nach einer Seite zugespitzten Kupfermeißel, der im Königsfriedhof von Ur gefunden wurde, erkennt man von oben nach unten: Fünf Kugeln, einen lautsprecherähnlichen Kasten, zwei absolut moderne Raketen, die nebeneinander liegen und am Heck Strahlen aussenden, mehrere drachenähnliche Gebilde und eine ziemlich genaue ›Kopie‹ einer Gemini-Kapsel. Der Künstler, der die Gravuren vor mehr als 5 500 Jahren schuf, muß eine beneidenswerte Phantasie gehabt haben!

Herr Gerardo Niemann (Hacienda Casa Grande, Trujillo, Peru) hat zwei bemerkenswerte Tongefäße im Privatbesitz. Das eine Gefäß ist 22 cm hoch und stellt eine Art ›Weltraumkapsel‹ dar, bei der Antrieb und Auspuff ebenso deutlich erkennbar sind wie bei dem raketenfahrenden Gott Kukulkan in Palenque. Auf der Kapsel hockt ein hundeähnliches Tier mit weit geöffnetem Mund. Das zweite Tongefäß präsentiert einen Mann, der mit den Zeigefingern beider Hände eine Art von Rechenmaschine oder Schalttafel mit 37 Knöpfen bedient. Dieses Gefäß ist 40,5 cm hoch. Beide Gefäße wurden im Chicama-Tal an der nordperuanischen Küste gefunden.

Die Riesengestalten dieser pittoresken Gruppe aus Jabbaren, Tassili, stecken in Raumfahrer-Overalls. Handelte es sich um irdische Wesen oder um außerirdische Raumfahrer der Vorzeit?

Ja, wir sind nicht am Ende, wir sind erst am Beginn der großen aus der Vergangenheit in die Zukunft weisenden Entdeckungen.

IX

UNERSCHÖPFLICHES THEMA: OSTERINSEL

Unterwegs mit Rapanui-Leuten – Was sich nicht abgespielt hat – Im Krater Rano Raraku – Ein kühner Gegenbeweis – Ein Flugplatz, aber keine Forschung

Auf fast allen bewohnbaren Südsee-Inseln liegen Reste unbekannter gewaltiger Kulturen. Überbleibsel einer völlig unbegreiflichen, doch offensichtlich sehr hohen Technik starren dem Besucher geheimnisvoll entgegen und reizen geradezu zu Spekulationen und Hypothesen.

So auch die Osterinsel.

Inzwischen verbrachten wir zehn Tage auf diesem winzigen Flecken Vulkangestein im Südpazifik. Die Zeiten, in denen die Insel nur einmal alle sechs Monate von einem chilenischen Kriegsschiff angelaufen wurde, sind vorbei. Uns brachte eine viermotorige Constellation der Lan-Chile auf die kleine Insel. Hotels gibt es dort noch nicht, und so verlebten wir die ganze Zeit in einem Zelt. Mit Nahrungsmitteln, die auf der Insel knapp sind, hatten wir uns vorher versorgt. Zweimal luden uns Eingeborene zum Nachtmahl ein: Es gab gebratenen Salm, den sie in ein Erdloch legten und mit glühender Holzkohle und vielen verschiedenen Blättern bedeckten, die zu den Rezeptgeheimnissen der Rapanui-Hausfrauen gehören. Fast zwei Stunden mußten wir warten, bis das schwelende Mahl ausgepackt wurde. Als Gourmet muß ich bekennen, daß schließlich Gaumen und Zunge ein Schlemmergericht von großer Köstlichkeit geboten wird, ein Vergnügen, das dem Ohrenschmaus der Folklore singenden Rapanui-Insulaner ebenbürtig ist.

Verkehrsmittel auf der Insel ist immer noch das Pferd – bis auf das einzige Privatauto, das dem 26jährigen mittelgroßen und pausbäckigen Bürgermeister Ropo gehört, der nach demokratischen Spielregeln von seinen Landsleuten gewählt wurde. Ropo ist der ungekrönte König der Insel, wenn es auch außer ihm noch einen ›Gouverneur‹ und einen ›Polizeikommandanten‹ gibt. Ropo stammt aus einer alteingesessenen Familie. Er weiß über die Osterinsel und ihre bislang nicht eindeutig gelösten Rätsel vermutlich mehr als alle anderen Insulaner. Mit zwei Gehilfen stellte er sich mir als Begleiter zur Verfügung.

Die Sprache der Rapanui-Leute ist reich an Vokalen: Ti-ta-pe-pe-tu-ti-lo-mu... Ich verstehe sie nicht; wir verständigten uns in einem Kauderwelsch von Spanisch und Englisch. Wo das nicht mehr ausreichte, versuchten wir, uns mit Händen, Füßen und sicherlich für Außenstehende ungemein komischen Grimassen zu verständigen.

Über die Geschichte der Osterinsel gibt es viele Berichte und ebenso viele Theorien. Nach meinen zehntägigen Recherchen kann ich naturgemäß auch nicht sagen, *was* sich hier in dunkler Vorzeit abgespielt hat. Aber ich glaube, einige Argumente dafür gefunden zu haben, was sich *nicht* abgespielt haben kann.

So säumen Steingiganten die sandigen Ufer der Osterinsel.

Da gibt es die Theorie, daß die Vorfahren der heutigen Rapanui-Leute in generationenlanger mühseliger Arbeit die inzwischen weltbekannten Statuen aus dem harten Vulkangestein gemeißelt haben sollen.

Thor Heyerdahl, den ich außerordentlich hoch schätze, beschreibt in seinem Buch ›Aku-Aku‹, wie er in den Steinbrüchen viele hundert Faustkeile, die wirr herumlagen, gefunden hat. Aus diesem Massenfund primitivster Werkzeuge schloß Heyerdahl, daß hier eine an Zahl

Eine unvollendete Statue in der Bergwand des Kraters Rano Raraku. Ist es vorstellbar, daß diese gewaltigen Figuren mit primitiven Faustkeilen aus dem harten Vulkangestein herausgeschlagen worden sind?

unbekannte Menge von Menschen Statuen meißelte, um irgendwann Hals über Kopf diese Tätigkeit zu beenden. Man warf die Werkzeuge weg und ließ sie liegen, wo man gerade gearbeitet hatte.

Heyerdahl richtete mit einer großen Zahl Insulaner in 18tägiger Arbeit eine mittelgroße Statue mittels Holzbalken und einer primitiven, aber erfolgreichen Technik auf und bewegte sie dann mit Hilfe von Seilen und etwa hundert Hilfskräften nach der Hau-ruck-Methode fort.

Hier schien eine Theorie praktisch bewiesen worden zu sein! Trotzdem erhoben Archäologen in aller Welt Einspruch gegen dieses Exempel. Einmal, sagten sie, sei die Osterinsel zu allen Zeiten zu arm an Menschen und Nahrungsmitteln gewesen, als daß sie die notwendige Zahl an Steinmetzen hätte bereit stellen können, die – auch über viele Generationen hinweg – die gewaltige Arbeit hätten leisten können; zum anderen, meinten sie, hätten bisher keine Funde einen Anhalt dafür geliefert, daß man auf der Insel jemals über Holz als Baumaterial (für Gleitrollen) verfügt habe.

Nach meinen eigenen Überlegungen an Ort und Stelle glaube ich sagen zu dürfen, daß sich die Faustkeil-Theorie angesichts der buchstäblich ›harten‹ Tatsachen auf die Dauer kaum behaupten wird. Ich war durchaus bereit, nach Heyerdahls geglücktem Experiment ein ungelöstes Rätsel auf meiner langen Liste als gelöst abzuhaken. Als ich aber vor der Lavawand im Krater Rano Raraku stand, habe ich das Fragezeichen dann doch auf meiner Liste stehen lassen. Ich habe den Abstand von der Lava zu einzelnen Statuen gemessen und kam auf Zwischenräume bis zu 1,84 m, die sich in einer Länge von fast 32 m hinzogen. Die Freilegung so riesiger Lavabrocken hat man nie und nimmer mit kleinen primitiven Steinfaustkeilen bewerkstelligen können!

Thor Heyerdahl ließ Einheimische wochenlang mit den alten, in großer Zahl gefundenen Faustkeilen im Krater hämmern. Ich sah das magere Ergebnis: Einen

Die ganze Felswand ist ein einziges Puzzlespiel unfertiger Giganten, die heute zu zwei Drittel ihrer Größe im Erdboden stecken.

Strich von wenigen Millimetern im harten Vulkangestein! Auch wir schlugen mit den größten Brocken, die wir nur auftreiben konnten, wie wild auf den Fels ein. Nach einigen hundert Schlägen hatten wir nur noch kümmerliche Reste unserer ›Werkzeuge‹ in der Hand. Aber der Fels zeigte kaum einen Kratzer.

Die Faustkeil-Theorie mag für einige kleinere Statuen, die in einer uns näheren Zeit entstanden sind, anwendbar sein – aber sie kann nach meiner Überzeugung und nach der Meinung vieler Osterinselbesucher auf keinen Fall für die Freilegung des Rohmaterials aus dem Vulkangestein für die Riesenstatuen akzeptiert werden.

Der Krater Rano Raraku bietet heute das Bild einer gigantischen Bildhauerwerkstatt, in der mitten in der Arbeit Feierabend angesagt wurde: Vertikal und horizontal, kreuz und quer liegen fertige, halbfertige und eben begonnene Statuen herum. Hier ragt eine Riesennase aus dem Sand, dort spreizen sich Füße, an die kein Schuh paßt, aus dem spärlichen Gras und irgendwo drückt sich eine Stirn wie atemholend an die Oberfläche.

Bürgermeister Ropo hatte kopfschüttelnd dabeigestanden, als wir mit aller Kraft auf den Fels einschlugen.

»Na, was lachen Sie?« rief mein Freund Hans Neuner ihm zu. »So haben es doch Ihre Vorfahren gemacht, wie?«

Ropo grinste breit. Mit einem pfiffigen Gesichtsausdruck meinte er trocken: »Das sagen die Archäologen!«

Niemand konnte bisher ein annähernd überzeugendes Motiv dafür liefern, warum sich einige hundert Polynesier, die genug Mühe damit hatten, ihre kärgliche Nahrung zu beschaffen, damit abmühten, etwa 600 Riesenstatuen zu schaffen.

Niemand konnte einen Hinweis dafür erbringen, mit welchem technischen Raffinement die Steinblöcke aus der harten Lava gelöst wurden.

Niemand konnte bisher erklären, warum die Polynesier (wenn sie die Schöpfer gewesen wären) den Gesichtern Formen und Ausdrücke gaben, für die sie auf der Insel keinerlei Vorbild unter irgendeinem polynesischen Stamm hatten: lange gerade Nasen – zusammengekniffene schmallippige Münder – tiefliegende Augen – niedrige Stirnen.

Niemand weiß, wer eigentlich mit den Plastiken dargestellt werden sollte.

Leider auch Thor Heyerdahl nicht!

In der Tat scheint es vermessen, die von Heyerdahl

aufgestellte Faustkeil-Theorie für die Herstellung der Statuen nicht nur nicht zu akzeptieren, sondern gerade mit dem Vorhandensein der vielen hundert Steinwerkzeuge das Gegenteil beweisen zu wollen, nämlich daß die Riesenstatuen auf diese Weise nicht entstanden sein können.

Wer soll das verstehen? Hier unsere – wie immer – scheinbar ›utopische‹ Erklärung:

Eine kleine Gruppe intelligenter Wesen wurde durch einen ›technischen Zwischenfall‹ auf die Osterinsel verschlagen. Die ›Gestrandeten‹ besaßen ein großes Wissen, verfügten über hochentwickelte Waffen und beherrschten eine uns unbekannte Steinbearbeitungsmethode, von der es viele Beispiele rund um den Globus gibt. Die Fremden hofften, von den Ihrigen gesucht, gefunden und abgeholt zu werden. Doch das nächste Festland liegt rund 4 000 km weit entfernt.

Tage vergingen untätig. Das Leben auf der kleinen Insel wurde langweilig und monoton. Die Unbekannten begannen, den Ureinwohnern Sprachbrocken beizubringen, erzählten ihnen von fremden Welten, Sternen und Sonnen. Sie versuchten, die primitiven Insulaner in einer Symbolschrift zu unterrichten. Vielleicht um den Einheimischen eine bleibende Erinnerung an ihre Anwesenheit zu hinterlassen, vielleicht aber auch, um den Freunden, die nach ihnen suchten, Zeichen zu geben, brachen die Fremden dann eines Tages eine Kolossalstatue aus dem Vulkangestein heraus. Weitere Steingiganten folgten, die sie auf steinerne Podeste entlang der Küste aufstellten, so daß sie weithin sichtbar waren.

Bis dann eines Tages – unangemeldet und plötzlich – die Rettung da war.

Da standen nun die Insulaner vor einer Rumpelkammer begonnener oder halbfertiger Figuren. Sie suchten sich die, die der Vollendung am nächsten waren, aus und hämmerten jahrein jahraus mit Faustkeilen verbissen auf die unfertigen Modelle ein. Aber die rund 200 Figuren, die in der Felswand noch skizziert waren, trotzten den ›Fliegenstichen‹ der Faustkeilschläge. Schließlich gaben die sorglos in den Tag hinein lebenden Inselbewohner (sie arbeiten auch heute noch nicht besonders gern und eifrig) das aussichtslose Unterfangen auf, warfen die Faustkeile weg und kehrten in ihre primitiven Höhlen und Hütten zurück.

Von ihnen also, und nicht von den ursprünglichen Schöpfern, stammt das Arsenal der vielen hundert Faustkeile, die vor den unerbittlichen Felsen versagt hatten. Die Faustkeile sind, meine ich, Zeugnisse der Resignation vor einer Arbeit, die nicht zu bewältigen war.

Ich vermute auch, daß auf der Osterinsel, in Tiahuanaco, über Sacsayhuaman, in der Bucht von Pisco und andernorts dieselben Lehrmeister Unterricht gegeben haben. Freilich, das ist auch nur eine unter anderen möglichen Theorien, der man mit dem Hinweis auf die großen Entfernungen entgegentreten kann. Damit würde man allerdings die bei weitem nicht nur von mir allein vertretene These außer acht lassen, daß es in Urzeiten hochtechnisierte Intelligenzen gegeben hat, für die die Überwindung weiter Strecken mit Flugkörpern verschiedenster Art kein Hindernis war.

222

Man mag meine These bezweifeln, man wird aber zugeben müssen, daß es ganz so aussieht, als ob es für die ursprünglichen Schöpfer der Osterinsel-Statuen ein Kinderspiel war, die Steinkolosse aus dem harten Felsgestein zu schneiden.

Vielleicht war es für sie überhaupt nur ein Freizeithobby.

Vielleicht aber verfolgten sie damit auch einen ganz bestimmten Zweck.

Waren sie das Statuenspiel eines Tages leid?

Oder erreichte sie ein Befehl, der sie zwang, Schluß zu machen?

Auf jeden Fall verschwanden sie plötzlich!

Bisher erfolgten keine Tiefengrabungen. Vielleicht fänden sich in tieferen Bodenschichten Relikte, die eine wesentlich frühere Datierung erlaubten.

Die Amerikaner bauen einen Flugplatz, sie heben den Boden für eine Betonpiste aus. Gezielte Grabungen aber habe ich weder sehen können, noch habe ich von solchen Plänen etwas gehört. Die Insulaner gehen unbekümmert – warum auch nicht? – ihren Beschäftigungen nach. Touristen, die sich herbemühen, wundern sich über das, was sie zu sehen bekommen, und machen Erinnerungsfotos fürs Familienalbum. Wichtige archäologische Forschungen, die die Rätsel klären könnten, finden nicht statt.

Die Moais – so nennen die Insulaner die Statuen – trugen bekanntlich einst auf ihren Köpfen in schwindeln-

Links: Die typische ›Moais‹-Physiognomie: Schmaler Kopf, niedrige Stirn, tiefliegende Augen, überdimensionale Nase, zusammengekniffene Lippen und lang herabgezogene Ohren.

der Höhe rote Hüte, deren Material in einem anderen Steinbruch gebrochen wurde als das für Köpfe und Körper. Ich habe mir den ›Hüte-Steinbruch‹ angesehen. Im Vergleich zu dem Steinbruch im Krater Rano Raraku ist das eine Kinderspiel-Kiesgrube. Für die Herstellung der großen roten Hüte dürfte der Steinbruch eine ziemlich enge, nur allzu enge Werkstatt gewesen sein. Mich machten auch die roten Hüte selbst, die brüchig und porös sind, skeptisch.

Wurden sie überhaupt hier gebrochen und bearbeitet?

Ich neige eher zu der Annahme, daß die roten Hüte aus Kies und einem Gemisch von roter Erde gegossen worden sind. Manche Hüte sind inwendig hohl. Wollte man dadurch Gewicht einsparen, um den Transport zu erleichtern? Wer die vernünftig erscheinende Herstellungsmethode der Hüte durch einen Kies-Erde-Guß akzeptiert, der sieht an Ort und Stelle dann auch zugleich die rätselhafte Transportfrage gelöst: Von der Kiesgrube aus mußten die runden Hüte lediglich zu den in allen Fällen niedriger gelegenen Standorten der Statuen gerollt werden.

Als wir über diese Möglichkeit diskutierten, meinte Bürgermeister Ropo, daß die Hüte bei ihrer Fertigstellung in der Kiesgrube beträchtlich größer gewesen sein

Links: Archäologische Forschung findet nicht statt, Denkmalsschutz gibt es nicht, und so verwenden die Insulaner die Reste einer einst gewaltigen Kultur beim Häuserbau und zur Befestigung des Strandes.
Unfertige Statuen in der Felswand des Rano Raraku. Der Abstand zwischen den Figuren beträgt 1,40 m. Wer so perfekte Steinarbeit ausführen konnte, muß über modernstes Werkzeug verfügt haben.

Die ›Hüte‹ sind hohl, haben einen Umfang bis zu 7,60 Meter und eine Höhe von maximal 2,18 Meter.

sollen. Beim Abrollen seien sie quasi abradiert worden... Das ist möglich. Aber auch heute haben die Hüte mit einem Umfang von 7,60 m und einer Höhe von 2,18 m immer noch eine respektable Kopfweite. Solche

Kopfbedeckungen ließen sich kaum mit einem fröhlichen ›Grüß-Gott‹ auf das 10 m hoch über dem Erdboden ragende Haupt setzen.

Weshalb aber setzte man den seltsamen Statuen überhaupt diese roten Hüte auf? Bisher fand ich dafür in der gesamten Osterinsel-Literatur keine überzeugende Erklärung. Deshalb stellen sich mir folgende Fragen:

Hatten die Insulaner die ›Götter‹ mit Helmen gesehen und in bildhafter Erinnerung behalten?

Schienen ihnen aus diesem Grunde die Statuen ohne die Hut-Helme nicht komplett?

Sollen sie das gleiche aussagen, was ›Helme‹ und ›Heiligenscheine‹ an prähistorischen Fels- und Höhlenwänden in aller Welt ausdrücken?

Schrifttafel der Osterinsel. Die bisher unentzifferten Wortzeichen sind auf keiner anderen Insel Polynesiens bekannt.

Als die ersten Weißen die Osterinsel betraten, hingen um die Hälse der Moais noch beschriftete Holztäfelchen. Aber schon die ersten Neugierigen fanden keinen Insulaner mehr, der die Schrift zu lesen verstand. Die wenigen noch vorhandenen Holztäfelchen gaben bisher ihre Geheimnisse nicht preis. Trotzdem sind sie ein Beweis dafür, daß die alten Rapanui-Leute Kenntnis einer Schrift hatten, die – das sei hier am Rande vermerkt –

Rätselhaft sind Sinn und Herkunft auch dieser Petroglyphen. Im Vordergrund eine seltsame Figur – halb Fisch, halb Mensch – mit Sternenzeichen.

der chinesischen Schrift erstaunlich ähnlich ist. Die Generationen nach dem ›Götterbesuch‹ haben das Erlernte wohl wieder vergessen...

Schriftzeichen und undeutbare Symbole stehen auch auf den Petroglyphen, auf diesen großen beschrifteten und bezeichneten Steinplatten, die wie Teppiche am Strand der Insel ausgebreitet liegen. Manche dieser abgerissenen und zerklüfteten Platten haben Flächen von 20 Quadratmetern. Sie liegen überall dort, wo der Boden leidlich eben ist. Auf diesen Steinteppichen sieht man Fische, undefinierbar-embryonale Wesen, Sonnensymbole, Kugeln und Sterne.

Um uns die Zeichnungen deutlicher zu machen, zeichnete Bürgermeister Ropo die Linien mit Kreide nach. Ich fragte ihn, ob irgendwer die Zeichen zu deuten wisse.

Nein, sagte er, schon sein Vater und sein Großvater hätten ihm nichts mehr darüber sagen können. Er selbst vermute, daß die Petroglyphen astronomische Angaben enthalten. Auch alle Tempel der Insel seien nach der Sonne und den Gestirnen ausgerichtet gewesen.

Schließlich bekam der Exkurs auf die Osterinsel noch eine besondere Pointe! Bürgermeister Ropo führte uns an den Strand und zeigte uns ein in seinen Proportionen erstaunliches Steinei. Während wir um das steinerne Relikt herumgingen, erklärte er uns, die Überlieferung der Rapanui-Leute besage, dieses Ei habe ursprünglich im Zentrum des Sonnentempels gelegen, denn die ›Götter‹ seien aus einem Ei zu ihnen gekommen... (Am Osterfest 1722 entdeckt, ist die Osterinsel ja geradezu verpflichtet, ein Osterei als Überraschung zu präsentieren.)

Ich nahm diese Auskunft dankbar in meine Sammlung von seltsamen Steineiern rund um die Erde auf.

Wenige Meter vom Heer der gestürzten Statuen entfernt aber verwittert das künstliche Steinei am Ufer der Insel. Nur eine aufgemalte weiße Katalognummer unterscheidet das ›Götterei‹ vom Steinsalat des Strandes.

Links: Das ›Götterei‹ der Osterinsel verwittert am Strand. Ehemals stand hier ein den Göttern geweihter Tempel.

X

NACH INDIEN – DER TEXTE WEGEN

Ein Vorfahre berichtet über eine heutige Flugreise – Hesekiels Augenzeugenbericht – Das Geheimnis der fliegenden Apparate – Interview mit Professor Esther A. Solomon in Ahmedabad – Blick in die Kabbala – Das Buch Sohar – Das Buch des Dzyan

... Und ich trat in einen großen Raum, der hell leuchtete wie das Innere eines Tempels. Überall liefen Wesen mit Menschengesichtern und Menschenhänden herum. Sie trugen allerlei Geräte mit sich und manchmal auch Schreine von verschiedener Größe. Die gaben sie anderen Wesen, die hinter niedrigen Wänden standen und eigenartige Kopfbedeckungen mit dem Zeichen des Adlers auf dem Haupt trugen. Die Tempelhalle war mit Himmelsmusik erfüllt. Man wußte nicht, woher sie kam. Manchmal hörte ich eine Engelsstimme, und einmal vernahm ich die Worte: »Abflug nach New York – Kurs 101 – Ausgang 12.«
Da nahm mich ein Cherub bei der Hand und führte mich zu einem Seraph, der sehr freundlich zu mir war und mir einen kleinen blanken Schild schenkte und dazu »Ihr Flugticket« sagte. Die göttlichen Schriftzeichen darauf vermochte ich nicht zu entziffern.

Und dann stand wieder der Cherub neben mir und führte mich zu einem großen blinkenden Himmelsvogel, der in dem weiten Park der Himmelstiere auf einer großen glatten Fläche stand. Der Himmelsvogel ruhte auf acht schwarzen Rädern, die wie Kalbsfüße aus dem metallenen Bauch des starren Ungetüms herausragten und aus gegerbtem Leder zu sein schienen. Die riesigen Flügel des blinkenden Himmelstiers waren weit ausgebreitet. Alles wartete auf den Gott, der mitfliegen sollte und den mein Cherub »Pilot« nannte.
Als ich die silberne Leiter zum Vogel emporstieg, sah ich an den Flügeln vier große Kästen, deren jeder ein großes Loch hatte. Und ich sah, daß sich in einem dieser Löcher viele Räder drehten. Der Himmelsvogel gehörte wohl dem Gott ›Swissair‹, denn diesen Namen sprach oft eine hell leuchtende Wand.
Im Bauch des Göttervogels war die Luft erfüllt von Harfentönen, und ein lieblicher Geruch von Jasmin, Veilchen und anderen Blumen stieg in meine Nase. Nun kam ein anderer Cherub von unvergleichlich schöner Gestalt, der mich in einen Thron setzte und mir ein breites Band fest um meine Hüften schlang. Die Harfenmusik verstummte; eine Götterstimme verkündete: »Wollen Sie bitte das Rauchen einstellen und sich anschnallen.« Die Stimme ließ noch viele Prophezeiungen vernehmen, die ich aber ebensowenig verstand wie alle vorhergehenden. Dann aber ent-

stand plötzlich ein fürchterlicher Lärm wie das Brüllen und Donnern eines gewaltigen Gewitters. Der Vogel erbebte, setzte sich in Bewegung und entfernte sich, schneller als der flüchtende Leopard, von den anderen Göttervögeln. Und er raste immer schneller dahin, getrieben und gehoben von einer überirdischen Kraft, mächtig wie die Brandung des Meeres, stark wie die Söhne der Urmutter Sonne. Wie ein glühender Ring legte sich Angst um meine Brust. Mir schwanden die Sinne.

Da stand der liebreizende Cherub gleich wieder neben mir, reichte mir berauschenden Götternektar, hob seine Hand und öffnete über mir eine Schleuse. Ein erquickender Himmelswind traf mein Gesicht. Nun hob ich meinen Blick, und siehe da, ich konnte aus dem Bauch des Göttervogels die Flügel sehen, die starr waren und sich nicht wie die Schwingen der Vögel bewegten. Unter mir erblickte ich Wasser und Wolken und einen grauen und grünen Brei in seltsam ausgezackten Formen. Mir wurde ängstlich zumute, und ich zuckte zusammen. Da stand sogleich wieder der Cherub neben mir, legte seine Hand auf meine Stirn und tat mir kund die Weisheit der Himmlischen: »Haben Sie keine Angst, es ist noch niemand oben geblieben ...«

Wider allen tierischen Ernst habe ich hier einmal eine Flugreise so erzählt, wie sie einer unserer Urvorderen daheim wiedergegeben haben könnte, wenn er mit einer modernen Düsenmaschine von Zürich nach New York geflogen wäre. Ein scheinbar absurder Einfall, aber wir werden sehen, daß er gar so widersinnig nicht ist.

Im 10. Kapitel 1/21 gibt der Prophet Hesekiel einen Bericht, der nach dem phantasievollen Versuch eines Vorfahren-Berichts über eine Flugreise beachtliche Assoziationen zuläßt:

> »Und ich sah, und siehe, an dem Himmel über dem Haupt der Cherubim war es gestaltet wie ein Saphir, und über denselbigen war es gleich anzusehen wie ein Thron.
>
> 2. Und er sprach zu dem Mann in der Leinwand: ›Gehe hinein zwischen die Räder, unter den Cherub, und fasse die Hände voll glühender Kohlen ...‹ Und er ging hinein, daß ich's sah, da derselbige hineinging.
>
> 3. Die Cherubim aber standen zur Rechten am Hause, und die Wolke erfüllte den inneren Vorhof.
>
> 4. Und die Herrlichkeit des Herrn erhob sich von dem Cherub zur Schwelle am Hause, und das Haus ward erfüllt mit der Wolke, und der Vorhof voll Glanzes von der Herrlichkeit des Herrn.
>
> 5. Und man hörte die Flügel der Cherubim rauschen bis in den äußeren Vorhof wie eine Stimme des allmächtigen Gottes, wenn er redet.
>
> 6. Und da er dem Mann in der Leinwand geboten hatte und gesagt: Nimm Feuer zwischen den Rädern unter den Cherubim! ging derselbige hinein, und trat neben das Rad.

9. Und ich sah, und siehe, vier Räder standen bei den Cherubim, bei einem jeglichen Cherub ein Rad; und die Räder waren anzusehen gleich wie ein Türkis.
10. Und waren alle vier eines wie das andere, als wäre ein Rad im anderen.
11. Wenn sie gehen sollten, so konnten sie nach allen vier Seiten gehen, und durften sich nicht herumlenken, wenn sie gingen, sondern wohin das erste ging ...
12. Und ihr ganzer Leib, Rücken, Hände und Flügel und die Räder waren voll Augen um und um; alle vier hatten ihre Räder.
13. Und die Räder wurden genannt ›der Wirbel‹, daß ich's hörte.
16. Wenn die Cherubim gingen, so gingen die Räder auch neben ihnen, und wenn die Cherubim ihre Flügel schwangen, daß sie sich von der Erde erhoben, so lenkten sie die Räder auch nicht von ihnen.
17. Wenn jene standen, so standen diese auch; erhoben sie sich, so erhoben sich diese auch ...
19. Da schwangen die Cherubim ihre Flügel, und erhoben sich von der Erde vor meinen Augen; und da sie ausgingen, gingen die Räder neben ihnen ...«

Die ›Internationale Akademie für Sanskrit-Forschung‹ in Mysore (Indien) wagte als erste den Versuch, einen Sanskrit-Text von Maharshi Bharadwaja, einem

Seher der Frühzeit, in unsere moderne Begriffswelt zu übertragen. Das Resultat, das schwarz auf weiß vor mir lag, war so verblüffend, daß ich mir während meiner Indienreise im Herbst 1968 sowohl in Mysore als auch in dem Central College von Bangalore die wissenschaftliche Qualität der Übersetzung bestätigen ließ. Und so liest sich die moderne Übersetzung eines alten Sanskrit-Textes:

6. »...Ein Apparat, der sich aus innerer Kraft bewegt wie ein Vogel, ob auf der Erde, im Wasser oder in der Luft, heißt Vimaana...

8. ...welcher sich bewegen kann im Himmel, von Ort zu Ort...

9. ...Land zu Land, Welt zu Welt...

10. ...ist ein Vimaana genannt durch die Priester der Wissenschaften...

11. ...Das Geheimnis, fliegende Apparate zu bauen...

12. ...die nicht brechen, nicht geteilt werden können, kein Feuer fangen...

13. ...und nicht zu zerstören sind...

14. ...Das Geheimnis, fliegende Apparate stillstehen zu lassen.

15. ...Das Geheimnis, fliegende Apparate unsichtbar zu machen.

16. ...Das Geheimnis, Geräusche und Gespräche in feindlichen, fliegenden Apparaten mitzuhören.

17. ...Das Geheimnis, Bilder vom Innern von feindlichen, fliegenden Apparaten festzustellen.

18. ...Das Geheimnis, die Flugrichtung von feindlichen, fliegenden Apparaten festzustellen.

19. ...Das Geheimnis, Wesen in feindlichen, fliegenden Apparaten bewußtlos zu machen und feindliche Apparate zu zerstören...«

Im weiteren Verlauf des Textes wird präzise beschrieben, aus welchen 31 Hauptteilen der Apparat besteht. Mit gleicher Genauigkeit werden Anweisungen für Kleidung und Nahrung der Piloten gegeben. Ferner enthält der Text eine Aufzählung von 16 Metallsorten, die man zur Konstruktion des fliegenden Fahrzeugs benötigt. Aber nur drei der genannten Metalle sind uns heute bekannt. Alle übrigen Arten blieben bisher unübersetzbar.

Der Versuch, den man in Mysore an einem Text machte, dessen Alter bisher noch unbekannt ist, sollte ein Beispiel dafür sein, was alte Texte in moderner Übersetzung aussagen können.

Immer schon empfand ich eine beunruhigende Neugier nach den alten indischen Quellen. Denn wieviel Rätselhaftes, wieviel Faszinierendes ist in allen Übersetzungen indischer Veden und Epen über Flugmaschinen und utopische Waffen aus Urzeiten zu erfahren! Das Alte Testament mit seinen sehr plastischen und drastischen Schilderungen verblaßt schier gegen diese indischen Kostbarkeiten.

Meine Neugier nach den Originalquellen wurde durch ein ganz zufälliges Erlebnis noch größer. Nach einem Vortrag, den ich 1963 vor einem kleinen Kreis in Zürich gehalten hatte, kam ein indischer Physikstudent zu mir und sagte mit entwaffnender Selbstverständlichkeit:

»Finden Sie das eigentlich neu oder schockierend, was Sie uns erzählt haben? Jeder halbwegs gebildete Inder kennt die Hauptteile der Veden und weiß deshalb, daß die Götter in Urzeiten mit Flugmaschinen herumkutschierten und fürchterliche Waffen besessen haben. Eigentlich, meine ich, weiß das bei uns jedes Kind!«

Der nette junge Mann wollte im Grunde nur meine Hypothesen bestätigen, vielleicht wollte er mich auch nur, da ich mich bei ›meinem Thema‹ leicht echauffiere, beruhigen. Er erreichte das Gegenteil.

In den folgenden Jahren führte ich eine ziemlich einseitige Korrespondenz mit indischen Sanskrit-Forschern. Meine spezifizierten Fragen beantworteten sie sehr höflich und schickten mir Fotokopien der Sanskrit-Texte, die ich aber nicht lesen konnte. Lediglich meine Briefmarken sammelnden Freunde profitierten von meiner Passion. Nein, es ließ mir keine Ruhe mehr. Ich mußte nach Indien – der Texte wegen.

Im Herbst 1968 flog ich nach Bangalore, der Hauptstadt des südlichen Bundesstaats Mysore. Bangalore ist das Bildungszentrum Südindiens. Doch davon merkte ich zunächst nichts. Ein Kaleidoskop verwirrender Eindrücke zog am ersten Tag nach meiner Ankunft an meinen Augen vorüber: Bettler und kümmerliche Existenzen – Ochsenkarren und Mopedtaxis – Frauen mit Brillanten in den Nasengruben und einem roten Tupfen auf der Stirn – morsche Holzhütten und weiße Paläste im englischen Kolonialstil – Lärm in den Straßen und magere heilige Kühe mit roten Augen – Soldaten in blaugrünen Uniformen und schmutziggelbes Wasser an den Straßenrändern und über allem dieser eigentümliche Geruch, der mir durch die Nase noch ins Kleinhirn stieg.

Die Universität von Bangalore, mit Entwicklungsgeldern gefördert, ist großzügig ausgestattet und von fortschrittlichem Geist erfüllt. Professoren und Studenten arbeiten gemeinsam und aufgeschlossen an neuen wissenschaftlichen Problemen.

Fachgelehrte Sanskrit-Professoren wie Ramesh J. Patel vom Kultur-Zentrum in Kochrab und T. S. Nandi von der Universität Ahmedabad nahmen sich Zeit für mich. Meistens genügte ein einziges Telefonat zur Verabredung des Termins für ein Gespräch.

Ich fragte nach dem Alter der Veden und Epen. Übereinstimmend sagte man mir, daß das Mahabharata, das über 80 000 Doppelverse umfassende Nationalepos der Inder, in seiner ersten Fixierung etwa um 1 500 v. Chr. entstanden sein müsse. Forschte ich aber nach dem Urkern des Epos, dann differierten die Angaben zwischen 7 016 v. Chr. und 2 604 v. Chr. Diese für so weit zurückliegende Datierungen ungewöhnliche Jahresgenauigkeit ergab sich durch bestimmte astronomische Konstellationen, die bei einer im Mahabharata geschilderten Schlacht erwähnt werden. Trotz dieser astronomischen Angaben sind sich die Gelehrten bisher über das Alter des Epos nicht einig geworden. Wie beim Alten Testament ist der ursprüngliche Verfasser des Mahabharata unbekannt. Man vermutet, daß eine legendäre Figur – Vyasa – der eigentliche Schöpfer gewesen ist, sagt aber mit beträchtlicher Sicherheit, daß der letzte mündliche Überlieferer

– Sauti – auch die erste vollständige Niederschrift besorgt habe.

Für Mathematiker, die zur Ermittlung der Zeitdilatation bei interstellaren Raumflügen demnächst ihre Computer mit Daten füttern werden, darf ich zwei Zahlen angeben, die ich in Bangalore notierte: Im Mahabharata entsprechen 1 200 Götterjahre = 360 800 Menschenjahren!

Wie sehr habe ich mich geärgert, Sanskrit nicht lesen zu können! Man orientierte mich zuvorkommend, man sagte mir exakt, in welchen Texten und an welchen Stellen ich die von mir gesuchten ›Superwaffen‹, ›Flugwaffen‹ und ›Flugapparate‹ finden würde. Man griff zum Telefon und instruierte Bibliothekare über mein Kommen und mein Anliegen, man gab mir hilfsbereite Studenten mit auf den Weg, damit ich das Gesuchte auch mit Sicherheit bekäme... Und wenn ich dann erwartungsvoll die Belege für meine Fragen in der Hand hielt, dann war wieder das Wesentliche in Sanskrit oder in einer anderen indischen Sprache abgefaßt. Enttäuscht von den mageren Resultaten nahm ich mir vor, die geknüpften Beziehungen nicht abreißen zu lassen – und eines Tages klüger wiederzukommen.

Noch hatte ich Hoffnung, von einer Kapazität mehr und Genaueres zur Stillung meiner Neugier zu erfahren. Aus der Schweiz hatte ich mit Professor Dr. T. S. Nandi, Sanskritforscher an der Universität Ahmedabad, korrespondiert. Ihn hatte ich konsultiert; und durch ihn kam ich zu Professor Esther Abraham Solomon, die seine Vorgesetzte und ›Head of Department‹ ist. Diese

Wissenschaftlerin verfügt über umfassende Sanskrit-Kenntnisse; sie ist seit sechs Jahren Leiterin des Departments für Sanskrit-Forschung und genießt weit über Indien hinaus unter den Fachwissenschaftlern den Ruf, zu den besten Kennern der Materie zu gehören.

Ahmedabad ist eine alte Baumwollstadt mit vielen bedeutenden Moscheen und Grabmälern aus dem 15. und 16. Jahrhundert. Sie liegt direkt am Sarbarmati-Fluß, hat über 1,2 Millionen Einwohner und ist heute in Indien wegen ihrer erst 1961 gegründeten Gudscherat-Universität berühmt.

Für Touristen bietet Ahmedabad eine besondere Attraktion, die ›Shaking Towers‹. Das sind zwei hohe Steinminarette einer Moschee, massiv gebaut und im Innern auf einer Wendeltreppe bis in die Spitze zu erklimmen – barfuß natürlich. Diese Türme haben eine auf der Welt einmalige Eigenschaft. Wenn eine kleine Gruppe von Menschen durch ein rhythmisches Hau-ruck den einen Turm in Schwingung versetzt, dann beginnt auch der andere Turm zu schwingen. Bisher haben die Türme diese permanenten Touristenvergnügungen ohne weiteres ausgehalten, und sie sehen aus, als würden sie den schiefen Turm von Pisa überleben ...

Professor Nandi hatte mich für die Mittagsstunde bei Professor Esther Solomon angemeldet und mir gesagt: »Gehen Sie in den ersten Stock; der Name steht an der Tür, treten Sie ein, und machen Sie es sich bequem!«

Durch die glühende Mittagshitze – es war November – machte ich mich auf den Weg. Die Universität präsentierte sich mir als ein modernes einstöckiges Kalksteingebäude ohne jeden unnötigen äußeren Aufwand. Ich wartete im Flur. Für einen Europäer ist die Aufforderung: ›Treten Sie ein, und machen Sie es sich bequem!‹ doch recht seltsam. Ich beobachtete während meiner Wartezeit, wie Professoren und Studenten in legerer Selbstverständlichkeit, ohne anzuklopfen, in die verschiedenen Büros gingen und wie höflich-formlos sich der ›Parteienverkehr‹ abwickelte.

Gegen ein Uhr kam Professor Solomon. Sie war in einem Colloquium aufgehalten worden. Sie trug einen einfachen weißen Sari. Ich schätzte sie auf etwa fünfzig Jahre. Sie begrüßte mich wie einen guten Bekannten, wohl weil mich Professor Nandi angemeldet hatte. Wir führten unser Gespräch auf englisch, und sie erlaubte mir, es auf mein Mini-Diktiergerät aufzunehmen.

Hier unser Gespräch: »Frau Professor, interpretiere ich die Auskünfte Ihrer Fachkollegen richtig, wenn ich sage, daß die Sanskritforscher die altindischen Veden und Epen für älter als das Alte Testament halten?«

»So absolut darf und kann man das nicht behaupten! Weder die indischen Urtexte noch die des Alten Testaments lassen sich genau datieren. Wenn wir mehr und mehr dazu neigen, die ältesten Teile des Mahabharata auf etwa 1500 v. Chr. anzusetzen, dann ist das eine sehr vorsichtige Schätzung und eine Annahme, die sich auf den ältesten Kern des Epos bezieht. Es gibt selbstverständlich viele Zusätze und Ergänzungen, die erst ›nach Christus‹ hinzugefügt wurden. Genaue Datierungen müssen heute immer noch mit Vorbehalten gemacht werden. Die Kernstücke des Mahabharata können auch hundert und mehr Jahre älter als 1 500 v. Chr. sein! Sie wissen: Die ältesten Texte sind auf Palmrinden niedergeschrieben worden, doch ehe diese Palmschriften entstanden, waren die Texte bereits viele Generationen lang durch mündliche Überlieferungen gewandert. Es gibt auch Niederschriften in Stein, aber die sind in Indien verhältnismäßig selten.«

»Sind Sie bei Ihren Forschungen auf Parallelen zwischen den Texten des Alten Testaments und den indischen Urtexten gestoßen?«

»Verschiedene Parallelen bieten sich fraglos an, aber diese Ähnlichkeiten lassen sich, meine ich, in den meisten alten Legenden der Völker in irgendeiner Form feststellen. Denken Sie nur an ein Ereignis wie das der Sintflut oder an die Geschichte von den Göttern, die Menschen zeugten, oder an die Helden, die in den Himmel entrückt wurden, oder aber an die immer wieder und allerorts auftauchenden Waffen, die sie benutzten.«

»Aber gerade die altindischen und tibetanischen Texte strotzen nur so von unsinnigen Waffen. Ich denke an die Götterblitze und Strahlenwaffen, an eine Art von Hypnosewaffen, wie sie im Mahabharata erwähnt werden, oder an den Diskus, den die Götter schleudern und der wie ein Bumerang immer wieder zu ihnen zurückkehrt, oder aber auch an Texte, die von bakteriologischen Waffen zu sprechen scheinen. Was halten Sie davon?«

»Das sind wohl Übertreibungen oder phantasievolle Darstellungen von einer imaginären göttlichen Kraft. Die Alten hatten fraglos das Bedürfnis, ihre Führer und Könige mit einem mystischen, geheimnisvollen Nimbus auszustatten. Sicherlich erfanden sie die unvorstellbaren und unüberwindlichen Attribute nachträglich – vermehrten sie also mit jeder neuen Generation.«

»Lassen sich denn diese utopischen Vorstellungen mit dem Ideengut der Urzeiten vereinbaren?«

»Offenbar! Aber wir selbst stehen auch immer wieder vor Rätseln!«

»In indischen und tibetanischen Texten werden immer wieder fliegende Objekte – Vimaanas – beschrieben. Was denken Sie darüber?«

»Um ehrlich zu sein: Ich weiß es selbst nicht, was davon zu halten ist. Offenbar meinen die Schilderungen so etwas ähnliches wie Flugzeuge, in denen die Götter am Himmel gegeneinander stritten.«

»Dürfen oder können wir diese Überlieferungen denn einfach als Mythen klassifizieren und damit abtun?«

Professor Solomon überlegte einen Augenblick, ehe sie, fast resignierend, antwortete:

»Wir müssen es wohl.«

»Und was wäre, wenn diese Texte Schilderungen sehr früher realer Begebenheiten wären?«

»Das wäre phantastisch!«

»Und, wäre es unmöglich?«

Nach einer Pause:

»Ich weiß es nicht, ich weiß es wirklich nicht ...«

Draußen empfing mich wieder die schier unerträgliche Hitze. Langsam schlenderte ich über eine endlos scheinende Brücke in die Stadt zurück. Der Fluß war bis auf ein schmales Rinnsal ausgetrocknet. Teppichknüpfer hatten ihre farbenprächtigen Erzeugnisse, soweit der Blick reichte, im Flußbett zum Trocknen ausgelegt. Immer wieder versuchte ich das Gespräch zu rekapitulieren. Selbst diese so kluge Frau konnte mir keine befriedigende Antwort auf meine Fragen geben.

Genau das aber, was Professor Esther Solomon mir nicht klar bestätigen konnte, drängt mich seit mehr als einem Jahrzehnt, die ältesten Bücher der Menschheit im Blickwinkel meiner Thesen zu vergleichen und Identitäten in den Schilderungen bestimmter Ereignisse nachzuspüren.

In mein Hotel zurückgekehrt, ließ die air condition des Zimmers meine Lebensgeister wieder munterer werden. Ich schlug das ›Mahabharata‹ auf und stieß gleich auf diese Stelle:

»Bhrigu, nach den Maßen des Himmelszeltes befragt, antwortete:

›Unendlich ist jener Raum, bewohnt von Seligen und Gottheiten, erfreulich, mit mancherlei Wohnstätten übersät, dessen Grenze unerreichbar ist.

Oberhalb ihres Machtbereiches und unterhalb werden Mond und Sonne nicht mehr gesehen, dort sind die Götter ihr eigenes Licht, glänzend wie die Sonne und strahlend wie das Feuer.

Und auch sie sehen nicht die Grenze des mächtig ausgebreiteten Himmelszeltes, weil dieselbe schwer erreichbar ist, weil sie endlos ist... Nach oben aber und immer weiter nach oben wird von flammenden, selbstleuchtenden Wesen jener Weltraum angefüllt, der auch von Göttern nicht ausmeßbar ist.‹«

Die Berichte des Mahabharata zählen immer noch zu den ungelösten Rätseln der Vergangenheit, auch dort, wo man sich in akribischer Forschung dieser alten Texte annimmt.

Seit die Menschheit denken kann und über Sprachen verfügt, ersann sie auch Legenden und Mythen, die, über Jahrtausende erzählt, irgendwann von irgendwem niedergeschrieben worden sind. Es ist rätselhaft, warum einige dieser alten Überlieferungen zu Religionen oder menschheitsbestimmenden Leitphilosophien wurden und warum andere wiederum negiert wurden und ohne jeden Einfluß blieben. Gemeinsam ist allen alten Überlieferungen, daß ihre Inhalte nicht beweisbar sind, daß aber jene, die zu Religionen überhöht wurden, ›geglaubt‹ werden. Wenn wir heute versuchen, alte Texte von neuen Standpunkten aus zu interpretieren, dann stehen uns keine neuen, sondern auch nur die alten ›geglaubten‹ oder negierten Texte zur Verfügung. Trotzdem geben sie uns verblüffende Auskünfte. Aber es erscheint ungewöhnlich, traditionell ›Geglaubtes‹ in Frage zu stellen oder mythische Berichte als Reporte realer Vorgänge zu nehmen.

In der Bibliothek der Pariser Sorbonne vertiefte ich mich in die sechsbändige Gesamtausgabe der Kabbala. Ehe ich meine Lesefrüchte vorlege, muß ich kurz sagen, daß die Kabbala wohl die umfangreichste und rätselhafteste Geheimlehre der Welt darstellt. Ihre Niederschrift soll um 1 200 n. Chr. begonnen worden sein. Man sagt auch, sie sei als Reaktion auf den realistischen und materialistischen Talmudismus entstanden.

Die Kabbala deutet geheimnisvolle Mitteilungen des Alten Testaments und kommentiert einem Kreis von Eingeweihten die verschlüsselten Nachrichten alter jüdischer Gesetze. Die Kabbalisten sagen, die Niederschrift sei auf Befehl Gottes erfolgt. Sie enthält Geheimzeichen, Symbole, mathematische Formeln und stellt alle okkulten Angaben in Beziehung zur mystischen Kraft verschiedener Götter. Wer dem kleinen Kreis der Eingeweihten angehört, soll aus Kenntnis und Beherrschung der Geheimnisse der Kabbala die Fähigkeit erhalten, durch die gewonnene Verbindung mit den Göttern Wunder zu vollbringen...

So wie ich die Darstellungen in anderen Urtexten als real zu betrachten gewohnt bin, habe ich auch Schilderungen in der Kabbala als nacherzählte Wirklichkeiten gewertet. Nur so ist es möglich, jenseits der okkulten Vorstellungen in den Niederschriften der Kabbala-Autoren eine reale Spur, die von unserer Erde zu den ›Göttern‹ führt, zu erkennen.

Die ›sieben anderen Welten‹ der Kabbala werden – bei wechselnden Bezeichnungen für die gleiche Sache – mit ihren Bewohnern sehr anschaulich beschrieben. Hier also Kabbala-Auszüge, die ich sinngemäß wiedergebe:

> »Die Bewohner der Welt von ›Geh‹
> säen und pflanzen Bäume. Sie essen
> alles vom Baum, kennen aber keinen
> Weizen und keinerlei Getreide. Ihre
> Welt ist schattig, und es gibt viele
> große Tiere dort.

Die Bewohner der Welt von ›Nesziah‹ essen Sträucher und Pflanzen, die sie nicht säen müssen. Sie sind von kleinem Wuchs, und haben anstelle der Nasen nur zwei Löcher im Kopf, durch welche sie atmen. Sie sind sehr vergeßlich, und wissen bei einer Arbeit oft nicht, weshalb sie sie begonnen haben. Auf ihrer Welt sieht man eine rote Sonne.
Die Bewohner der Welt ›Tziah‹ müssen nicht essen, was andere Wesen essen. Sie suchen immer nach Wasseradern. Sie sind sehr schön von Angesicht, und haben mehr Glauben als alle anderen Wesen. Auf ihrer Welt gibt es große Reichtümer und viele schöne Bauwerke. Der Boden ist trocken, und man sieht zwei Sonnen.
Die Bewohner der Welt von ›Thebel‹ essen alles aus dem Wasser. Sie sind allen anderen Wesen überlegen, und ihre Welt ist in Zonen aufgeteilt, in denen sich die Bewohner durch Farbe und Gesichter unterscheiden. Sie machen ihre Toten wieder lebendig. Die Welt ist weit von der Sonne weg.
Die Bewohner der Welt von ›Erez‹ sind Nachfahren von Adam.
Die Bewohner von ›Adamah‹ sind auch die Nachfolger von Adam, weil Adam

sich über die Trostlosigkeit auf ›Erez‹
beklagte. Sie bebauen die Erde
und essen Pflanzen, Tiere und Brot. Sie
sind meist traurig und bekriegen sich
oft. Es gibt auf dieser Welt Tage, und
die Gruppierungen der Gestirne sind
sichtbar. Früher wurden sie oft von
Bewohnern der Welt von ›Thebel‹ be-
sucht, doch die Besucher wurden auf
›Adamah‹ von Gedächtnisschwäche
befallen und wußten nicht mehr,
woher sie kamen.
Die Bewohner der Welt von ›Arqa‹
säen und ernten. Ihre Gesichter sind
verschieden von unseren Gesichtern.
Sie besuchen alle Welten und sprechen
alle Sprachen.«

Es bieten sich wieder die alten, uns inzwischen vertrauten Fragestellungen an: Woher wußten die Kabbala-Autoren, daß Wesen der sieben anderen Welten ein anderes Aussehen hatten als die Erdenbürger? Daß sie sich anders ernährten und daß sie andere Sonnen am Himmel kannten?

Erwähnenswert ist noch die Feststellung der Kabbala, daß die Menschen sich ursprünglich beim Geschlechtsakt nicht ins Gesicht gesehen hätten und daß die Vereinigung der Samen in *einem* Wesen stattgefunden habe. Moderne Kabbalisten wollen wissen, Gott habe vor Adam ein anderes Wesen geschaffen, das nur ›Mann‹

gewesen sei, eine Eigenart, die dieses Wesen nicht gehindert habe, Kinder zu zeugen. Diese aber hätten sich plötzlich mit der Schlange gepaart.

Das Hauptwerk der Kabbala, das Buch Sohar, ist in aramäischer Sprache abgefaßt und erläutert im Sinne kabbalistischer Gottesauffassung die fünf Bücher Mose. Der Sohar gilt als Werk des Rabbiners Simon bar Jochai (130–170 n. Chr.), wurde aber – nach mündlichen Überlieferungen – wahrscheinlich erst im ausgehenden 13. Jahrhundert von Moses de Leon in Spanien niedergeschrieben und 1558 in Cremona erstmalig gedruckt.

Im Sohar wird – und das ist erstaunlich – ein Gespräch zwischen einem Erdenbürger und einem Gestrandeten aus der Welt Arqa wiedergegeben. In dieser Unterhaltung erfahren wir, daß – nachdem die Erde durch Feuer vernichtet worden war – einige Flüchtlinge, die die Katastrophe überlebten, unter Führung des Rabbi Yossé einem Fremden begegneten, der plötzlich aus einer Felsspalte hervortrat und der ›ein anderes Gesicht‹ hatte. Rabbi Yossé trat vor den Fremden und fragte ihn, von wo er denn sei.

Der Fremde antwortete:

»Ich bin ein Bewohner Arqas.«

Der Flüchtling war überrascht und fragte:

»Es gibt also Lebewesen auf Arqa?«

Der Fremde antwortete:

»Ja. Als ich Euch kommen sah, bin ich aus der Höhle gestiegen, um den Namen der Welt zu erfahren, auf der ich angekommen bin.«

Und dann berichtet der Fremde, daß in seiner Welt die Jahreszeiten anders seien als in ihrem Land; Saat und Ernte würden sich dort erst nach mehreren Jahren erneuern, auch wäre die Anordnung der Gestirne anders, als er sie von hier aus beobachten könne ...

Fast 1 800 Jahre mündlicher Überlieferung stehen hinter diesem Bericht, der erst vor etwa 700 Jahren niedergeschrieben und vor 400 Jahren zum erstenmal gedruckt wurde. Aber was für ein Wissen, so muß ich einmal mehr fragen, stand hinter diesen Worten?

Selbstverständlich sah ein Fremder, der die Erde besuchte, die Gestirne in einem anderen Blickwinkel als er sie von seinem Planeten aus zu sehen gewohnt war, der überdies eine andere Abfolge der Jahreszeiten hatte als die Erde.

Die Feststellungen sind im Kern viel zu real, als daß sie lediglich pure Phantasie sein könnten.

Und dann das Buch des Dzyan mit seinen heiligen Symbolzeichen! Kein Mensch auf der Welt kennt sein wirkliches Alter. Es heißt, das Original sei älter als unsere Erde. Es heißt auch, es sei so stark magnetisiert gewesen, daß ›Befugte‹, die es zur Hand nahmen, die geschilderten Ereignisse vor ihren Augen vorüberziehen sehen und im gleichen Augenblick durch rhythmisch übertragene Impulse die geheimnisvollen Texte in ihrer Sprache vernehmen konnten – sofern diese überhaupt über einen Wortschatz verfügte, die betreffenden Texte zu vermitteln.

Diese Geheimlehre wurde über Jahrtausende in tibetanischen Krypten als ›top secret‹ gehütet. Es hieß, die geheimen Lehren könnten in den Händen Unkundiger zu einer ungeheuren Gefahr werden. Der originale Text – von dem man nicht weiß, ob er noch irgendwo existiert – wurde von Generation zu Generation wortwörtlich kopiert und durch neue Berichte und Erkenntnisse der Befugten ergänzt.

Jenseits des Himalaya soll das Buch des Dzyan entstanden sein. Auf unbekannten Wegen drangen seine Lehren bis nach Japan, Indien und China vor, ja sogar in südamerikanischen Überlieferungen wurden Gedankenspuren daraus festgestellt. Geheime Bruderschaften, die sich in den einsamen Pässen des westchinesischen Gebirges Kun-lun oder in tiefen Schluchten im Felsmassiv des Altyn-tag – ebenfalls im westlichen Teil des heutigen Rotchina gelegen – verborgen hielten, wachten über Büchersammlungen ungeheuren Umfangs. Sie lebten in ärmlichen Tempeln. Unterirdische Gewölbe und Galerien bargen ihre literarischen Schätze. In diesen Verliesen wurde auch das Buch des Dzyan gehütet. Die ersten Kirchenväter machten alle Anstrengungen, diese Geheimlehre aus dem Gedächtnis derer, die mit ihr vertraut waren, zu tilgen. All ihre Anstrengungen mißlangen jedoch, und von Generation zu Generation wurden die Texte mündlich weitergereicht.

In fremden Ländern erzählte man mir oft von dieser Lehre, aber ich traf noch niemanden, der eine ›echte‹ Kopie des Werkes gesehen hätte. Erhaltene, oder richtiger, bekanntgewordene Teile des Buches von Dzyan schwirren auf Tausenden von ins Sanskrit übersetzten

Texten durch die Welt. Nach allem, was man bisher weiß, soll diese merkwürdige Geheimlehre das ursprüngliche alte Wort, die Formel der Schöpfung, enthalten und über die Millionen Jahre währende Entwicklung der Menschheit berichten.

Die sieben Strophen der Genesis nach dem Buch des Dzyan scheinen mir so interessant, daß sie auszugsweise hier stehen sollen:

Strophe I

»... Es gab keine Zeit, denn sie lag schlafend im unendlichen Schoß der Dauer ...

... Dunkelheit allein erfüllte das unendliche All ...

... Und das Leben pulsierte unbewußt im Weltenraum.

... Die sieben erhabenen Beherrscher und die sieben Wahrheiten hatten aufgehört zu sein ...

Strophe II

... Wo waren die Bauleute, die leuchtenden Söhne ... die Hervorbringer der Form aus der Nicht-Form, der Wurzel der Welt ...?

... Die Stunde hatte noch nicht geschlagen; der Strahl war noch nicht in den Keim geblitzt ...

Strophe III

... Die letzte Schwingung der siebenten Ewigkeit durchdringt die Unendlichkeit.

... Die Schwingung breitet sich aus, sie berührt mit ihrem raschen Flügel das ganze Weltall und den Keim, der in der Dunkelheit wohnt, der über den schlummernden Wassern des Lebens atmet ...

... Die Wurzel des Lebens war in jedem Tropfen des Ozeans der Unsterblichkeit enthalten, und der Ozean war strahlendes Licht, welches Feuer, Wärme und Bewegung war. Das Dunkel verschwand und war nicht mehr ...

... Siehe – der helle Raum, welcher der Sohn des dunklen Raumes ist ... Er scheint fortan wie die Sonne; er ist der feurige göttliche Drache der Weisheit.

... Wo war der Keim, und wo war jetzt die Finsternis? ...

... Der Keim ist die Tat, und Tat ist das Licht, der weiße strahlende Sohn des dunklen verborgenen Vaters.

Strophe IV

... Höret, ihr Söhne der Erde, auf eure Lehrer – die Söhne des Feuers ...

... Höret, was wir, die Abkömmlinge der ursprünglichen Siebenheit, die wir aus der Urflamme geboren sind, von unseren Vätern erlernt haben.

... Aus dem Glanze des Lichts, das aus dem ewigen Dunklen strahlte, entsprangen im Raume die wiedererwachten Energien ... Und von dem Gottmenschen emanierten die Formen, die Funken, die heiligen Tiere und die Botschafter der heiligen Väter.

Strophe V

... Die ersten sieben Atemzüge des Drachens der Weisheit erzeugen ihrerseits durch die heiligen kreisenden Atemzüge den feurigen Wirbelwind.

... Der schnelle Sohn der göttlichen Söhne ... erfüllt in Kreisbewegung seine Sendung ... Er geht wie der Blitz durch die feurigen Wolken ...

... Er ist ihr führender Geist und Leiter. Wenn er sein Werk beginnt, trennt er die Funken des unteren Reiches, welche freudezitternd in ihren strahlenden Wohnungen schweben ...

Strophe VI

... Der Schnelle und Strahlende ... stellt das Universum auf diese ewigen Grundsteine ...

... Er erbaut sie als Abbilder älterer Räder, und befestigt sie auf unvergänglichen Mittelpunkten ...

... Wie werden sie von Fohat erbaut? Er sammelt den feurigen Staub. Er macht Kugeln von Feuer, läuft durch und um dieselben herum, und versieht sie mit Leben, dann setzt er sie in Bewegung ... Sie sind kalt, er macht sie heiß. Sie sind trocken, er macht sie feucht. Sie leuchten, er fächelt und kühlt sie ab. So arbeitet Fohat von einer Dämmerung zur andren durch die sieben Ewigkeiten ...

... Der Mutterlaich erfüllte das Ganze. Es fanden Kämpfe statt zwischen den Schöpfern und den Zerstörern, und Kämpfe um den Raum.

Strophe VII

... Siehe den Anfang des fühlenden formlosen Lebens. Zuerst das Göttliche, das Eine von dem Muttergeist ...

... Der eine Strahl vervielfältigt die kleineren Strahlen ...

... Dann steigen die Bauleute, welche ihr erstes Gewand wieder angezogen haben, zur strahlenden Erde hernieder und herrschen über Menschen – welche sie selbst sind ...«

Für geschulte Leser bedarf dieser Schöpfungsmythos wirklich keines Kommentars mehr. Es ist gespenstisch, wie sich die Texte im Zeitalter der Raumfahrt wirklich ›von selbst‹ interpretieren. Es sind lediglich einige Begriffe in ihrer sinngemäßen Anwendung zu erläutern:

Die ewige Mutter = der Raum

Sieben Ewigkeiten = Äonen oder Perioden. ›Ewigkeit‹ im Sinne der christlichen Theologie ist für die asiatische Begriffswelt sinnlos. Eine Periode erstreckt sich über ein ›großes Zeitalter‹. Das sind 100 Jahre des Brahma oder 311 040 000 000 000 Erdenjahre. Ein Tag des Brahma besteht aus 4 320 000 000 Jahren der Sterblichen. ›Brahma‹ ist die Kraft, die alle Welten schafft und erhält. – Ich darf an die Gesetze der Zeitdilatation erinnern, ohne deren Anwendung diese Zeitmaße nicht zu begreifen sind.

Zeit = Aufeinanderfolge von Bewußtseinszuständen

Raum = Materie

Licht = etwas Unvorstellbares, weil seine anfängliche Quelle unbekannt ist

Vater und Mutter = männliches und weibliches Prinzip der Urnatur

Sieben erhabene Herrscher = sieben schöpferische Geister

Bauleute = die wirklichen Schöpfer des Weltalls, des Planetensystems

Atem = der dimensionslose Raum

Strahl = Materie im Weltenei

Letzte Schwingung der siebenten Ewigkeit = periodisch erscheinendes Phänomen der universellen Intelligenz

Jungfräuliches Ei = Symbol für die ursprüngliche Form alles Sichtbaren – vom Atom bis zum Weltkörper

Söhne der Erde – Söhne des Feuers = gestaltgewordene kosmische Kräfte

Fohat = konstruktive Kraft der kosmischen Energie

(Zitate und Begriffserläuterungen entnahm ich dem 1888 (!) erschienenen Werk ›Die Geheimlehre‹ von Helene Petrowna Blavatsky.)

In weiteren Teilen des Buches von Dzyan soll geschrieben sein, daß es vor 18 Millionen Jahren auf der Erde lebende Wesen gegeben habe, die knochenlos, gummiartig, ohne Verstand und Intelligenz vegetierten. Diese Wesen sollen sich durch Teilung selbst gezeugt haben. Im Zuge einer langen Evolution wäre auf diese Weise vor vier Millionen Jahren eine friedliche und sanfte Art von Lebewesen entstanden, die in einer Periode der zarten Wollust, in einer Welt der glücklich Träumenden gelebt habe. In den darauffolgenden drei Millionen Jahren habe sich eine Riesenrasse von sehr differenziertem Wesen entwickelt. Die Riesen, so soll es im Dzyan stehen, wären doppelgeschlechtlich gewesen und hätten sich selbst begattet. Erst vor 700 000 Jahren hätten sie begonnen, es wie die anderen Tiere zu tun, aus diesen Zeugungen aber seien gräßliche Monstren entstanden. Diese Monstren hätten sich von der bestialischen Zeugungsart nicht wieder frei machen können, wären vom Tier abhängig geworden und auch immer mehr zum Tier hin verdummt.

Mit exakten Angaben soll das Buch des Dzyan vermerken: 9 564 v. Chr. seien vor dem heutigen Kuba und Florida große Landstriche im Ozean versunken. Das legendäre Atlantis wurde bisher nicht lokalisiert. Könnte es mit dem versunkenen Land, von dem das Buch des Dzyan berichtet, identisch sein? Ich weiß es nicht. Vielleicht ist es mit Atlantis wie mit den UFOS: Beide sind aus der Phantasie der Menschheit nicht mehr zu vertreiben.

Mahabharata – Kabbala – Sohar – Dzyan ... Identität in den Fakten, die sich auf einer Linie deuten lassen.

Sind es Berichte von gewesenen Realitäten?

XI

VON PERVERSIONEN UNSERER VORFAHREN

Der Mensch und das Tier – Eine Erklärung für den Sündenfall? – Als die Götter den Genetischen Code brachten – Kronzeuge Moses – Quarantäne für die neue Rasse – Kann Gott sich irren? – Lohn für göttliche Entwicklungshilfe – Ein Stich ins Wespennest

In grauer Vorzeit muß es ein Zwitterwesen von Mensch und Tier gegeben haben. Darüber lassen Literatur und Kunst der Frühzeit keinen Zweifel. Darstellungen von menschenköpfigen Flügelstieren, Meerjungfrauen, Skorpionmenschen, Vogelmenschen, Zentauren und mehrköpfigen Monstren sind uns allen bildhaft in Erinnerung. Alte Bücher behaupten, daß diese Zwitterwesen noch in historischer Zeit in Horden, Stämmen und sogar in der Großformation von Völkern zusammen gelebt haben. Sie berichten von gezüchteten Zwitterwesen, die als ›Tempeltiere‹ ihr Dasein fristeten und ›verhätschelte Lieblinge‹ der Bevölkerung gewesen zu sein scheinen. Die sumerischen Großkönige und später auch die Assyrer machten Jagd auf Menschentiere – möglicherweise zur puren Belustigung. Geheimnisvolle Texte spielen auf ›Halbwesen‹ und ›Mischwesen‹ an, deren merkwürdige Existenz sich allerdings immer wieder in die unkontrollierbaren Bereiche des Mythischen verflüchtigt.

Der ägyptische Bock geistert noch durch die Geschichten des im 12. Jahrhundert gegründeten Templerordens. Er wird mit aufrechtem Gang, Menschenhaaren auf dem Haupt, Bockshufen, Bockshinterteil und starkem Phallus dargestellt. – Herodot (490–425 v. Chr.) spricht in seinen ›Ägyptischen Geschichten‹ von seltsamen schwarzen Tauben, die ›Menschentierweibchen‹ gewesen seien (II, 57). – Die im Mündungsgebiet des persischen Araxes wohnenden Menschen sollen sich ›mit Fischen gesellt‹ haben und – nach Herodot – Fischmenschen mit Schuppenhaut gewesen sein (I, 202). – In indischen Veden wird von Müttern berichtet, die ›auf Händen laufen‹. – Im Gilgamesch-Epos heißt es, daß Enkidu ›von den Tieren entfremdet‹ werden mußte. – Bei der Hochzeit des Peirithoos vergreifen sich die Zentauren, halbtierische Wesen mit Pferdeleib und menschlichem Oberkörper, an den Frauen der Lapithen. – Dem stierköpfigen Minotaurus mußten sechs Jünglinge und sechs Jungfrauen ›geopfert‹ werden. – Schließlich darf man wohl auch die lebenden Mägde des Hephaistos unter dem Aspekt geschlechtlicher Belustigung betrachten. – Es gibt für mich auch wenig Zweifel, daß der Tanz um das goldene Kalb der Höhepunkt einer Sexorgie gewesen ist.

Platon schreibt in seinem ›Gastmahl‹: »Ursprünglich gab es neben dem männlichen und dem weiblichen Geschlecht noch ein drittes. Dieser Mensch hatte vier Hände und vier Füße ... groß war die Stärke dieser Menschen, ihr Sinn war verwegen, sie planten, den Himmel zu stürmen und sich an den Göttern zu vergreifen ...«

Die Kabiren, auf Inschriften meist die ›Großen Götter‹ betitelt, trieben einen geheimnisvollen Kult mit den Fruchtbarkeitsdämonen, der sich vom ägyptischen Altertum über die hellenistische Epoche noch bis in die Blütezeit der römischen Kultur fortsetzte. Da die Kabirenweihen geheim waren, konnte bis heute nicht genau ermittelt werden, was denn die Herrschaften für robuste Sexspiele miteinander trieben. Immerhin gilt es als sicher, daß an den Vergnügungen stets zwei weibliche und zwei männliche Kabiren sowie ein Tier teilnahmen: Es paarten sich nicht nur Männlein und Weiblein, das Tier hatte einen aktiven Part!

Vielleicht sollte man in diesem Zusammenhang auch die ägyptischen Apis-Stiere, die ›heiligen Stiere von Memphis‹, erwähnen. Sie wurden ihrer Fruchtbarkeit wegen mumifiziert – in drei Meter langen und vier Meter hohen Sarkophagen. Vor drei Jahren stand ich in diesen muffigen Grabkammern tief unter dem Wüstensand und fragte mich: Was haben diese fruchtbaren Stiere wohl zu Lebzeiten getan?

Tacitus (Annalen XV, 37) schildert eine abendliche Orgie im Hause des Tigellinus, bei der ›unter Mitwirkung von Menschentieren gebuhlt‹ wurde. Wie lange die Perversitäten in Geheimbünden betrieben wurden, läßt sich nicht ermitteln.

Herodot scheint die Sache mitunter etwas peinlich gewesen zu sein; er schreibt sie mit der linken Hand weg (II, 46): »... Und es vermischte sich der Bock vor den Augen aller mit einem Weibe ...«

Der göttliche Pan wurde von antiken Künstlern mit Bocksfüßen und Ziegenkopf dargestellt. Auch das genierte Herodot (II, 46): »Warum sie ihn so darstellen, darüber soll man nicht reden ...«

Der jüdische Talmud berichtet, daß Eva von einer Schlange begattet wurde. Diese Vorstellung animierte viele Künstler. Auf Scherben, die in Nippur gefunden wurden, ist ein Weib mit gutentwickelten Brüsten und einem Schlangenschwanz konterfeit – eine Darstellung übrigens, die denjenigen von Sirenen, die sich schönen Jünglingen begehrlich machen, nicht unähnlich ist.

Die sündige Seite in unserer Urvergangenheit läßt sich, so peinlich sie ist, nicht wegretuschieren. Pornographie war zu allen Zeiten ein begehrtes Stimulans. Prähistorische Darstellungen sexueller Exzesse auf Tontäfelchen, Felswänden und Tierknochen sprechen für sich.

Auf den Reliefs des schwarzen Obelisken Salmanassars II im Britischen Museum sind seltsame tiermenschliche Wesen zu erkennen. – Im Louvre, im Museum von Bagdad und andernorts gibt es Darstellungen merkwürdiger tiermenschlicher Kreuzungen. – Auf der Insel Malta stehen große Steinfiguren von außergewöhnlicher Anatomie: Sie haben kugelförmige Oberschenkel und spitze Füße; geschlechtlich lassen sie sich überhaupt nicht definieren. – Auf assyrischen Kunstwerken sind Darstellungen von Halbmenschen keine Seltenheit. Die ›Begleittexte‹ berichten von ›gefangenen Menschentieren‹, die von Kriegern gefesselt, entführt und als Tribute des Landes Musri an den Großkönig abgeliefert wurden. – Ein altsteinzeitlicher Knochen aus Le Mas-d'Azil (Frankreich) zeigt ein Zwitterwesen – halb Mensch, halb Affe –, dessen Phallus besonders attraktiv gewesen sein muß.

Nach heutigen biologischen Kenntnissen ist die Kreuzung Mensch-Tier unmöglich, weil die Chromosomenzahl der Partner nicht übereinstimmt. Diese Paarung ließe nie ein lebensfähiges Wesen entstehen. Aber wissen wir denn, nach welchem Genetischen Code die Chromosomenzahl der Mischwesen zusammengesetzt war?

Der geschlechtliche Mensch-Tier-Kult, der im Altertum mit Vehemenz und Genuß geübt wurde, scheint mir wider besseres Wissen zelebriert worden zu sein. Kann das ›bessere Wissen‹ von einer artgemäßen Paarung nicht nur und ausschließlich von fremden Intelligenzen gekommen sein?

Wurden die Erdbewohner, nachdem die ›Götter‹ wieder abgereist waren, rückfällig?

Und kam diese Rückfälligkeit einer Sünde, der Erbsünde, gleich?

Fürchteten sie vielleicht deshalb den Tag, an dem die ›Götter‹ wiederkehren würden? Das entwicklungshemmende Element der Urzeit war anscheinend die Tiervermischung. Aus einer solchen Sicht wird der ›Sündenfall‹ nichts anderes als die hemmende rückläufige Entwicklung durch Vermengung mit bestialischem Blut. Die ›Erbsünde‹ wird nur dadurch logisch, daß bei jeder Zeugung etwas vom ehemals Tierischen mitvererbt wird: das Bestialische im Menschen.

Was – um alles in der Welt – gäbe es denn sonst für eine ›Sünde‹ zu vererben?

Die Sumerer kannten für das Universum nur einen Begriff: an-ki, was sich etwa mit ›Himmel und Erde‹ übersetzen läßt. Ihre Mythen erzählen von ›Göttern‹, die mit Barken und Feuerschiffen am Himmel fuhren, von den Sternen herniederkamen, ihre Vorfahren befruchteten, um dann wieder zu den Sternen zurückzukehren. Das sumerische Pantheon, das Heiligtum der Götter, war mit einer Gruppe von Wesen ›belebt‹, die leidlich erkennbare menschliche Formen besaßen, aber übermenschlich, ja unsterblich gewesen zu sein scheinen. Nun aber reden die sumerischen Texte nicht in nebuloser Ungenauigkeit von ihren ›Göttern‹; sie sagen ganz klar, das Volk habe diese einst mit eigenen Augen gesehen. Ihre Weisen waren überzeugt, die ›Götter‹, die das Werk vollbrachten, gekannt zu haben. So läßt sich in sumerischen Texten nachlesen, wie alles geschehen ist: Die Götter brachten ihnen die Schrift bei, sie gaben ihnen Anweisungen für die Herstellung von Metall (die Übersetzung des sumerischen Wortes für ›Metall‹ heißt ›Himmelsmetall‹) und unterwiesen sie im Anbau von Gerste. Für unseren Gedankengang ist es wichtig zu wissen, daß nach sumerischen Aufzeichnungen die ersten Menschen aus Kreuzungen von Göttern und Erdenkindern hervorgegangen sein sollen ...

Nach sumerischer Überlieferung kamen (mindestens) der Sonnengott Utu und die Venusgöttin Inanna aus dem Weltall. Das sumerische Wort für Rippe heißt ti; ti bedeutet zugleich auch ›Leben schaffen‹. Ninti ist denn auch der Name der sumerischen Göttin, die ›Leben schafft‹. Es wird überliefert, daß der Luftgott Enlil mehrere Menschen ›schwängerte‹. Eine Keilschrifttafel berichtet, daß Enlil seinen ›Samen‹ in den Schoß von Meslamtaea ergoß: »... Der Same deines Herrn, der leuchtende Same, ist in meinem Schoß; der Same Sins, der göttliche Name, ist in meinem Schoß ...«

Als die Menschen noch nicht erschaffen waren und in der Stadt Nippur nur Götter wohnten, vergewaltigte Enlil die entzückende Ninlil und schwängerte sie auf höheren Befehl. Das hübsche Erdenkind Ninlil weigerte sich zunächst, ausgerechnet von einem ›Gott‹ befruchtet zu werden. Über die Furcht Ninlils vor dem Vergewaltigungsakt berichtet die Keilschrift aus Nippur: »... Meine Vagina ist zu klein, sie versteht den Beischlaf nicht. Meine Lippen sind zu klein, sie verstehen nicht zu küssen ...«

Der göttliche Enlil überhörte Ninlils abwehrende Worte. Es war ein Beschluß der ›Götter‹, die widerliche Brut unreinen Lebens auf der Erde auszutilgen, und also ergoß Enlil sich in den Schoß der Ninlil. Auf einer von dem Sumerologen S. N. Kramer übersetzten Tafel lesen wir: »... Um den Samen der Menschheit zu vertilgen, ist der Beschluß des Rates der Götter ergangen. Nach den befehlenden Worten Ans und Enlils ... Ihre Herrschaft wird ein Ende nehmen ...«

Es ging also ganz klar darum, die Unreinen auszulöschen! Auf einer weiteren Tafel steht:

»In jenen Tagen, in der Schöpfungskammer der Götter, in ihrem Hause *Duku* wurden Lahar und Aschman geformt ...

In jenen Tagen sagt Enki zu Enlil:
›Vater Enlil, Lahar und Aschnan,
Sie, die im *Duku* erschaffen wurden,
Lassen wir sie aus dem *Duku* hinabsteigen.‹«

War die ›Schöpfungskammer der Götter‹ mit dem ›Duku‹ identisch? Und war der ›Duku‹, aus dem die Gefolgschaft ›hinabsteigen‹ sollte, das Raumschiff der Götter? Bei so viel anschaulicher Darstellung liegt diese Vermutung greifbar nah!

Gelehrte der Universität Pennsylvania brachten 1889 von einer Expedition den ältesten, maßstabgetreuen Stadtplan der Welt mit heim, den Plan der Stadt Enlil-ki (= Nippur). In dieser Stadt des Luftgottes Enlil gab es ein ›Tor der sexuell Unreinen‹! Ich halte dieses ›Tor‹ für eine Schutzmaßnahme der ›Götter‹ nach getaner Arbeit: Nachdem sie eine neue Generation gezeugt hatten, wollten sie dem Rückfall zur Sodomie vorbeugen, indem sie den ›neuen Menschen‹ von der immer noch verseuchten Umwelt absonderten. Eine Keilschrifttafel gibt sogar einen leisen Hinweis auf die Befruchtungsmethode der ›Götter‹, nämlich auf die Einpflanzung göttlichen Samens.

Die Bücher Mose, die mir schon so reichliches Anschauungsmaterial über die Fortbewegungsmittel der galaktischen Superwesen der Frühzeit lieferten, sind eine Fundgrube für meine Thesen – sofern man die Texte kühn und phantasievoll mit den Augen der Menschen des Raumfahrtzeitalters liest. Lassen wir also erneut die ›Götter‹ aus den Moses-Darstellungen herniederkommen! Vielleicht wissen sie auch Neues und Überraschendes zum Thema der Sodomie treibenden Urwesen ...

Im 2. Buch Mose, Kapitel 24, Vers 16 bis 19 steht geschrieben:

»... Als nun der dritte Tag kam, und der
Morgen war, erhob sich ein Donnern und
Blitzen, und eine dicke Wolke auf dem Berg,
und ein Ton von einer sehr starken Posaune.
Das ganze Volk aber, das im Lager war, erschrak.
Und Moses führte das Volk aus dem Lager Gott entgegen, und sie traten unten an den Berg.
Der ganze Berg Sinai aber rauchte, darum, weil
der Herr auf den Berg herabfuhr mit Feuer, und
sein Rauch ging auf wie der Rauch vom Ofen, daß
der ganze Berg sehr bebte.
Und der Posaunen Ton ward immer stärker ...«
2. Buch Mose, Kapitel 20, Vers 18:
»... Und alles Volk sah den Donner und Blitz, hörte den Ton der Posaune, und sah den Berg rauchen. Da sie aber solches sahen, flohen sie und traten von ferne ...«

Wer glaubt heute noch daran, daß der große, unendlich mächtige Gott zu seiner Fortbewegung ein Fahrzeug benötigt, das raucht, blitzt, Beben verursacht und mit seinem Gefährt einen Höllenlärm macht – wie ein Düsenjäger beim Durchbrechen der Schallmauer? Gott ist überall gegenwärtig. Wie aber, so soll es doch sein, kann er seine ›Kinder‹ hüten und beobachten, wenn er mit so spektakulärem Aufwand erscheint? Und warum erschreckt er seine ›Kinder‹ so sehr, daß sie vor ihm davonlaufen? Der große Gott! Immerhin gab er Moses den Befehl, das Volk vom Berg der Landung fernzuhalten. Das hört sich im 2. Buch Mose, Kapitel 19, Vers 23 bis 24 so an:

»... Das Volk kann nicht auf den Berg Sinai steigen, denn du hast uns bezeuget und gesagt: mache ein Gehege um den Berg. Du und Aron sollen hinaufsteigen ... aber die Priester und das Volk sollen nicht herbeibrechen ... daß ich sie nicht zerschmettere ...«

Ein Psalm Davids gibt eine besonders dramatische Schilderung vom Erscheinen Gottes (Psalm 29, Vers 7 bis 9):

»Die Stimme des Herrn sprüht Feuerflammen, die
Stimme des Herrn wirbelt die Wüste empor,
es erhebt vor dem Herrn die Wüste Kadesch,
Eichen stürzen vor dem Herrn,
kahl reißt sie die Wälder ...«

Die leidenschaftliche Schilderung einer Raumschifflandung gibt Psalm 104, Vers 4:

»... Wolken sind deine Wagen, auf Flügeln des Windes fährst du dahin. Winde laufen vor dir her wie Herolde, Blitz und Feuer umgeben dich ...«

Prophet Micha aber übertrumpft die Drastik der Darstellung im 1. Kapitel, Vers 3 bis 4:

»... Er wird herabfahren, und auf die Höhen der Erde treten, daß die Berge unter ihm schmelzen ...«

Phantasie braucht Ausgangspositionen. Was aber waren diese Positionen für die Berichterstatter des Alten Testaments? Beschrieben sie etwas, was sie gar nicht gesehen hatten? Zu oft beschwören sie uns, zu glauben, daß alles genauso war, wie sie es schilderten. Und ich glaube ihnen aufs Wort: Sie gaben Augenzeugenberichte oder Selbstgeschautes wieder. Keine Phantasie konnte ihnen damals die Vorstellung von einem Gefährt eingeben, das Feuer sprüht, das die Wüste aufwirbelt, das die Berge unter sich schmelzen läßt... Wir Kinder des 20. Jahrhunderts, die die Berichte von Hiroshima gelesen haben, ahnen erst, was die Erscheinung Gottes in der Darstellung der Heiligen Schrift bedeuten könnte.

Wir wollen auch prüfen, was das Alte Testament über die künstliche Befruchtung berichtet: ›Gott‹ (oder die ›Götter‹) waren in ihrem Weltraumvehikel auf der Erde gelandet. Sie begannen ihr wichtigstes Werk: Sie befruchteten die Erdbewohner mit ihrem Samen. Alle für dieses Experiment ›Auserwählten‹ sonderten sie von der bestialischen Mischwelt ab und bestimmten sie für den ›Auszug in die Wüste‹. Dort hatten sie ihre Geschöpfe sozusagen in Quarantäne. Sie schützten sie vor den Feinden, gaben ihnen Manna und Ambrosia, damit sie nicht verhungerten. Eine Generation lang mußten sie so ›in der Wüste‹ ausharren. Das 2. Buch Mose, Kapitel 19, Vers 4 gibt Aufschluß:

»... Ihr habt gesehen, was ich an Ägypten
getan habe, und wie ich euch auf Adlers-
flügeln (!) trug, und euch zu mir zog...«

Wenn es stimmt, daß die ›Götter‹ über den Genetischen Code verfügten, erhellt sich das Dunkel um viele Texte, so auch um jene Stelle im 1. Buch Mose, Kapitel 1, Vers 26 und 27:

»... Ich will mir den Menschen machen nach meinem eigenen Bilde, mir ähnlich...

und Gott schuf den Menschen nach seinem Bilde,
nach Gottes Bilde schuf er ihn ...«

Erst später wurde – wie schon erwähnt – aus dem Menschen ein Weib erschaffen, was Moses im 1. Buch, Kapitel 2, Vers 22 berichtet:

»... Gott der Herr baute ein Weib aus der Rippe, die er vom Menschen genommen hatte ...«

Noah, Überlebender der Sintflut und Stammvater der Geschlechter, wurde von den ›Göttern‹ in den Schoß von Bat-Enosch gelegt. Abrahams Weib Sara, die ihres hohen Alters wegen nicht mehr gebären konnte, wurde von ›Gott‹ besucht und brachte den leuchtenden Sohn Isaak zur Welt. Kronzeuge Moses berichtet darüber im 1. Buch, Kapitel 21, Vers 1:

»... Gott aber nahm sich der Sara an und tat an
ihr, wie er gesagt hatte. Sie wurde schwanger und
gebar Abraham trotz ihres hohen Alters einen
Sohn ...«

Dem Propheten Jeremias (Kapitel 1, Vers 5) vertraute der ›Herr‹ an:

»... Ich kannte dich, ehe ich dich bereitete
im Leibe deiner Mutter. Ich wählte dich aus,
ehe du von deiner Mutter geboren wurdest ...«

Im Sinne einer Programmierung nach dem Genetischen Code ist dieses ›Kennen vor der Geburt‹ eindeutig. Überhaupt scheinen mir viele alttestamentarische Berichte auf göttliche Befruchtungen hinzuweisen. Danach zeugten die ›Götter‹ ein Stammgeschlecht, das die ihm übertragenen irdischen Aufgaben ausführen sollte. Moses spricht die Zukunftsaufgaben an (1. Buch, 15/6):

»... (an Abraham gewendet) Schau den Himmel,
zähle die Sterne, kennst du die Zahl? So viele
werden deine Nachkommen sein ...«

Diese Nachkommen aber sollten – nach dem 3. Buch Mose, Kapitel 20, Vers 24 – ihre Art erhalten, denn:

»... Ich bin der Herr, der euch von den Völkern
abgesondert hat ...«

Mit ihren Geschöpfen aber hatten die ›Götter‹ ihre liebe Not, denn diese konnten von der alten Mensch-Tier-Verbindung nicht ablassen. So notiert Moses denn auch im 3. Buch, Kapitel 18, Vers 23 ff. Warnungen und angedrohte Strafen für die Rückfälligen:

»... du sollst auch bei keinem Tier liegen, daß du
mit ihm verunreinigt werdest. Kein Weib soll
mit einem Tier zu schaffen haben, denn es ist ein
Greuel.
Ihr sollt euch in keinem verunreinigen, denn in
allem diesem haben sich verunreinigt die Fremden,
die ich vor euch her will ausstoßen,
und das Land dadurch verunreinigt ist, und ich will
ihre Missetaten an ihnen heimsuchen, daß das
Land seine Einwohner ausspeie.
Darum haltet meine Satzungen und Rechte ...«

Die Strafen für den Sündenfall waren hart, mußten es auch sein, weil der Beischlaf mit Tieren offenbar an der Tagesordnung war. Aus dem von Moses im 3. Buch, Kapitel 20, Vers 15 bis 16 angekündigten Strafregister:

»... Wenn jemand beim Vieh liegt, so soll er
des Todes sterben, und das Vieh soll man er-
würgen.

Wenn ein Weib sich zu einem Vieh tut, daß sie
mit ihm zu schaffen hat, die sollst du töten und
das Vieh auch. Des Todes sollen sie sterben ...«

Erst das ›auserwählte Volk‹ sollte von dieser Lustseuche befreit sein – nach einer 40 Jahre währenden Quarantäne in der Wüste. Danach würde die neue Generation vor tierischen Blutmischungen Ekel empfinden. So führten die ›Götter‹ einen strengen, aber erfolgreichen Kampf gegen den Tiermenschen und für den höheren, von ihnen genetisch programmierten Menschen. Darum ließen sie auch nur die junge Generation ins ›gelobte Land‹ zurückkehren. Dazu das 4. Buch Mose, Kapitel 14, Vers 29 und 30:

»... Eure Leiber sollen in dieser Wüste verfallen.
Alle, die älter sind als 20 Jahre, die ihr aufbegehrt
habt gegen mich, ihr sollt nicht in das Land
kommen ...«

Aber auch für das Leben im ›gelobten Land‹ galten – nach Josua, Kapitel 23, Vers 7 und 13 – die gleichen strengen Gesetze:

»Mengt euch nicht unter die Völker, die in eurer
Nähe wohnen ...
Wenn ihr leben wollt, dann haltet daran fest ...
denn wenn ihr euch abkehren, und den Völkern
beimengen wollt, die um euch her wohnen,
wenn ihr euch mit ihnen verschwägert,
in ihnen aufgeht und sie in euch, dann
werden sie euch zur Falle, zu Geißeln
für eure Flanken, zu Stacheln ...«

Nach dem Einzug ins ›gelobte Land‹ waren Sitten und

Gebräuche immer noch streng. Der Sodomie wurde erst durch neue Gesetze der ›Götter‹ ein Ende gemacht.

Die ›Götter‹ hinterließen der von ihnen mutierten Menschengruppe exakte hygienische Anweisungen, die im 3. Buch Mose, Kapitel 13, Vers 2 bis 4 wiedergegeben sind:

»... Wenn einem Menschen an der Haut seines
Fleisches etwas aufgeht, oder Eiter weiß wird,
als wollte es Aussatz werden an der Haut
seines Fleisches, soll man ihn zum Priester
Aron führen, oder zu seiner Söhne einem
unter den Priestern.
Und wenn der Priester das Mal an der Haut des
Fleisches sieht, daß die Haare in weiß verwandelt
sind, und das Aussehen an der Stelle tiefer ist,
als die übrige Haut des Fleisches, so ist's gewiß
der Aussatz ...
Wenn aber etwas eiterweiß ist an der Haut
des Fleisches, das übrige Aussehen aber
nicht tiefer, als die andere Haut des Fleisches,
und die Haare nicht in weiß verwandelt sind,
so soll der Priester denselben verschließen
sieben Tage ...«

›Götter‹, fremde Intelligenzen, lehrten die neuen Menschen, Krankheiten zu diagnostizieren und – wie in diesem Fall – Kranke auf ›Isolierstation‹ zu legen.

Moderne Anweisungen werden auch für eine totale und sorgfältige Desinfektion gegeben. Im Detail führt das 3. Buch Moses im Kapitel 15 diese Verhaltensvorschriften auf (Vers 4 bis 12):

»... Alles Lager, darauf er lieget, und alles,
darauf er sitzet, wird unrein
und wer sein Lager anrührt, der soll seine
Kleider waschen und baden...
und wer sich setzt, da der Kranke gesessen
ist, der soll seine Kleider waschen und
sich baden...
Wer sein Fleisch anrührt, der soll seine
Kleider waschen und sich baden...
Wenn der Kranke seinen Speichel wirft auf
den, der rein ist, der soll seine Kleider
waschen und sich baden...
und der Sattel, darauf er reitet, wird
unrein werden, und wer irgendetwas anrühret,
das er unter sich gehabt hat, der wird
unrein... Wenn er ein irdenes Gefäß anrührt,
das soll man zerbrechen...«

Das sind hochmoderne hygienische Anweisungen. Wer aber konnte im Altertum diese Kenntnisse besitzen? Mit meiner Brille – Baujahr 1969 – gelesen, stellen sich die Ereignisse so dar:

›Götter‹ kamen aus dem Kosmos.

›Götter‹ wählten eine Gruppe von Lebewesen aus und befruchteten sie.

›Götter‹ gaben der Gruppe, die ihr genetisches Material trug, Gesetze und Anweisungen für eine entwicklungsfähige Zivilisation.

›Götter‹ vernichteten rückfällig gewordene Wesen.

›Götter‹ schenkten der auserwählten Gruppe bedeutendes hygienisches, medizinisches, technisches Wissen.

›Götter‹ deponierten eine Schrift und Methoden zum Anbau von Gerste.

Ich ließ bei der Darstellung meiner Version mit Absicht die Chronologie außer acht. Die alttestamentarischen Texte sind Stufen im Aufbau einer Religion, sie spiegeln keine historisch gesicherten Zeitabläufe. Vergleiche mit dem Schrifttum anderer alter (und älterer) Völker lassen darauf schließen, daß die in den ›Fünf Büchern Mose‹ und in den prophetischen Schriften mitgeteilten Ereignisse sich nicht in dem Zeitraum abgespielt haben können, in dem die Religionswissenschaftler sie angesiedelt haben. Das Alte Testament ist eine grandiose Sammlung von Gesetzen und praktischen zivilisatorischen Anweisungen, von Mythen und Teilen echter Geschichte. Diese Sammlung enthält eine Fülle ungelöster Rätsel. Jahrhunderte lang schon mühen sich gläubige Leser redlich darum, sie zu lösen. Aber da gibt es zu viele Fakten, die sich mit der Vorstellung von dem allmächtigen, gütigen und allwissenden Gott nicht vereinbaren lassen.

Im Zentrum dieser Bemühungen steht die Frage: Wie ist es möglich, daß der allwissende Gott sich irren kann? Ist das ein allmächtiger Gott, der nach der Erschaffung des Menschen zunächst feststellt, daß ›sein Werk gut‹ ist, wenig später aber schon von Reue über seine Tat erfüllt wird?

Dazu im 1. Buch Mose, Kapitel 1, Vers 31:

»... Und Gott sah an Alles, was er gemacht hatte, und siehe da, es war sehr gut ...«

Dagegen im 1. Buch Mose, Kapitel 6, Vers 6:

»... Da reute es den Herrn, daß er den Menschen geschaffen hatte, und es bekümmerte ihn tief ...«

Der gleiche Gott, der den Menschen geschaffen hatte, beschloß, sein Werk wieder zu vernichten. Er tat es nicht nur einmal – er tat es oft. Warum?

Widerspruchsvoll scheint mir auch die Idee von der ›Erbsünde‹ zu sein. Mußte der Gott, der den Menschen erschuf, nicht wissen, daß seine Geschöpfe sündigen würden? Wußte er es aber nicht, kann er dann der *allwissende* Gott sein?

Für den Sündenfall strafte Gott nicht nur Adam und Eva, sondern in einer umfassenden Sippenhaft die ganze unschuldige Nachkommenschaft. Aber die Kindeskinder hatten am Sündenfall weder teil, noch wußten sie überhaupt davon. Und in seinem Zorn wollte Gott durch das Opfer des Blutes eines Unschuldigen wieder versöhnt werden? Ich bezweifle, daß der unendlich gütige Gott Rachegefühle empfindet. Ich verstehe auch nicht, warum der allmächtige Gott seinen eigenen unschuldigen Sohn auf grausame Weise hinrichten ließ, um erst dann der ganzen Welt ihre Sünden zu verzeihen.

Es liegt mir fern, große Religionen durch solche Fragestellungen und Hinweise im wahrsten Sinne des Wortes ›in Frage zu stellen‹. Ich weise nur auf diese Widersprüche hin, weil ich überzeugt bin, daß der große Gott des Universums nichts, aber auch gar nichts gemein hat mit den ›Göttern‹, die durch Legenden, Mythen und Religionen geistern und die die Mutation vom Tier zum Mensch zustande brachten.

Bei dieser Fülle ›literarischer‹ Belege fällt mir ein Satz von Michel Eyquem de Montaigne (1533–1592) ein, mit dem er eine Rede vor einem Kreis erlauchter Philosophen beschloß:

»Meine Herren, ich habe nur einen Strauß aus gepflückten Blumen gemacht und nichts hinzugefügt als den Faden, der sie verbindet.«

Da ich den Dingen auf den Grund gehe, erreichen mich beschwörende Worte, ich dürfe die Quellen doch nicht so wörtlich nehmen. Nun, 2 000 Jahre lang waren unsere Väter gehalten, die Bibel wörtlich zu nehmen. Hätten sie Zweifel angemeldet, wäre ihnen das gar nicht gut bekommen. Heute darf über Probleme und Fragwürdiges gesprochen werden, und deshalb stelle ich weitere Fragen.

Warum zeigte sich ›Gott‹ mit seinen ›Engeln‹ immer im Zusammenhang mit Phänomenen wie Feuer, Rauch, Beben, Blitz, Getöse, Wind? Es werden kühne und phantasievolle Deutungen angeboten, wie sie in zwei Jahrtausenden dialektischer Schulung zu ›schlagenden Beweisen‹ gedeihen konnten. Wo aber bleibt der Mut, einmal Geheimnisvolles als Realität zu nehmen?

Der Schweizer Professor Dr. Othmar Keel meinte, diese Gotteserscheinungen seien als Ideogramme zu verstehen – ganz im Gegensatz zu Professor Lindborg, der die gleichen Ereignisse als halluzinatorische Erlebnisse deutet. Der Alttestamentarier Dr. A. Guillaume hält die Göttererscheinungen für Naturereignisse, während Dr. W. Beyerlein in fast allen Phänomenen rituelle Teile des israelitischen Festkultes erkennt.

Fachgelehrte Deutungen? Ich erkenne nur Widersprüche. Der Geisteswandel der jungen Generation aber ist erfrischend!

So schrieb Dr. Fritz Dumermuth in der Zeitschrift der theologischen Fakultät Basel (Nr. 21/1965), daß

»... die in Frage stehenden Berichte sich bei genauerem Hinsehen schlecht mit Naturerscheinungen meteorologischer oder vulkanischer Art zur Deckung bringen lassen ... Es ist an der Zeit, die Dinge unter einem neuen Sehwinkel anzugehen, soll die Bibelforschung hier weiterkommen.«

Ich vermute, daß die fremden Intelligenzen ihre Bemühungen um einen neuen Menschen nicht nur aus altruistischen Motiven aufwandten. Wenn auch bis jetzt noch durch keine Forschungen belegt, könnte man doch annehmen, daß die ›Götter‹ auf der Erde ein ›Material‹ vermuteten und suchten, das ihnen wichtig war. War es ein Treibstoff für ihre Raumschiffe?

Manche Hinweise lassen den Schluß zu, daß die ›Götter‹ für ihre Entwicklungshilfe einen Lohn kassierten! Das 2. Buch Mose, Kapitel 25, Vers 2 erwähnt ein ›Hebopfer‹, ein Begriff, der sich leicht überlesen läßt, ohne daß man seinen Inhalt erfaßt. Versierte Übersetzer versicherten mir, daß man darunter Gegenstände verstehen könne, die hochgehoben oder auch in etwas hineingeschoben wurden. Dazu wieder Kronzeuge Moses im 2. Buch, Kapitel 25, Vers 2 bis 7:

»... Sage den Kindern Israels, daß sie mir ein Hebopfer geben; und nehmet dasselbe von Jedermann, der es willentlich gibt. Dies aber ist

das Hebopfer, das ihr von ihnen nehmen
sollt: Gold, Silber, Erz, blauer und roter Purpur,
Scharlach, köstliche weiße Leinwand,
Ziegenhaar, rötliche Widderfelle,
Dachsfelle, Akazienholz ... Onyxsteine und
eingefaßte Steine zum Leibrock und zum
Amtschild ...«

Damit bei der Darbringung des Opfers keine Irrtümer unterliefen, wurde die Wunschliste genau spezifiziert. Im 4. Buch Mose, Kapitel 31, Vers 50 bis 52:

»... Darin bringen wir dem Herrn Geschenke,
was ein jeglicher gefunden hat von
goldenem Gerät, Ketten, Armgeschmeide, Ringe,
Ohrringe und Spangen ...
und Moses nahm von ihnen samt dem Priester
Eleasar das Gold allerlei Geräts
und alles Goldes Hebe, das sie dem Herrn
hoben, war sechzehntausend und siebenhundert
und fünfzig Säckel ...«

Gott aber wird für das, was er an seinen Erdenkindern Gutes tat, schwerlich blanken Lohn gefordert haben! Aus dem Moses-Text geht auch hervor, daß die Gabe nicht etwa für die Priesterschaft bestimmt war, denn die Priester mußten selbst mit einkassieren und den Lohn abliefern. Der Ertrag der Sammlung für die Götter wurde auch so genau abgezählt, daß eine so perfide Rechnung des wirklichen Gottes unwürdig wäre.

War das Hebopfer der von den ›Göttern‹ verlangte Preis für die übermittelte große Menge an intelligentem Wissen?

Die alten Quellen vermitteln den Eindruck, als wären die ›Götter‹ nicht dauernd auf unserem Planeten geblieben. Sie erledigten ihre Planungen und verschwanden dann wieder für lange Zeit. Aber sie machten sich Gedanken, wie sie das, was sie geschaffen hatten, während der Abwesenheit schützen konnten. Da sie außerordentliche Fähigkeiten besaßen, setzten sie mutmaßlich technische Geräte zur Überwachung ein.

Während der Abwesenheitsperioden der ›Götter‹ geschah es oft, daß ein Prophet, Rat und Hilfe suchend, seinen Herrn rief – wie Samuel es im 1. Buch, Kapitel 13, Vers 1 schildert:

»... In der Zeit, als der Knabe Samuel am
Heiligtum unter der Aufsicht Elis Dienst tat,
geschah es selten, daß ein Priester oder Prophet ein
Wort von Gott hörte, oder eine Weisung von
Gott empfing ...«

Die neuen Menschen wurden nicht schutzlos zurückgelassen. Texte sprechen von ›Dienern der Götter‹, die im höheren Auftrag Dienst auf der Erde taten, die die Auserwählten beschützten und die Wohnstätten der ›Götter‹ bewachten. Waren diese ›Diener der Götter‹ Roboter?

Das Gilgamesch-Epos schildert den dramatischen Kampf von Enkidu und Gilgamesch gegen das Ungeheuer Chuwawa, das allein und erfolgreich die Wohnstätte der ›Götter‹ bewachte. Wurfspeere und Keulen, die Enkidu und Gilgamesch schleuderten, prallten wirkungslos an dem ›leuchtenden Ungeheuer‹ ab, aber hinter ihm sprach eine ›Tür‹ mit der ›Donnerstimme‹ eines menschlichen Wesens. Der kluge Enkidu entdeckte die verwundbare Stelle des göttlichen Dieners Chuwawa, er konnte ihn kampfunfähig machen.

Chuwawa war weder ›Gott‹ noch Mensch. Das geht aus einer Textreihe hervor, die James Pritchard im Jahre 1950 in Ancient Near Eastern Texts veröffentlichte. Die Keilschriften wissen über Chuwawa:

»... Ehe ich nicht diesen ›Mann‹ umgebracht
habe, wenn es ein Mann ist, ehe ich nicht
diesen Gott getötet habe, wenn es ein Gott
ist, will ich meine Schritte nicht zur Stadt
lenken ... Oh Herr (an Gilgamesch gerichtet), der
du nicht dieses Ding gesehen hast ... bist nicht von
Entsetzen befallen, ich, der ich diesen ›Mann‹
gesehen habe, bin von Entsetzen befallen. Seine
Zähne sind wie Drachenzähne, sein Antlitz wie
ein Löwenantlitz ...«

Ist das nicht die Schilderung vom Kampf mit einem Roboter? Hat Enkidu vielleicht gewußt, wo der Hebel saß, an dem die Maschine abzustellen war, und so den ungleichen Kampf zu seinen Gunsten entschieden?

Auch eine weitere Keilschriftübersetzung von N. S. Kramer läßt einen als ›Diener der Götter‹ programmierten Automaten vermuten:

»... die sie begleiteten, die Inanna (die Göttin)
begleiteten, waren Wesen, die keine Speise
kennen, die kein Wasser kennen; essen kein
hingestreutes Mehl, trinken kein geopfertes
Wasser ...«

Von solchen Wesen, die ›keine Speise essen und kein Wasser trinken‹, wird auf sumerischen und assyrischen

Tafeln oft berichtet. Manchmal werden diese gespenstischen Ungetüme als ›fliegende Löwen‹, ›feuerspeiende Drachen‹ oder als ›strahlende Gotteseier‹ bezeichnet.

Den von den ›Göttern‹ hinterlassenen Wachmannschaften begegnen wir auch in griechischen Sagen. Die Herkules-Sage berichtet von dem Nemeischen Löwen, der vom Mond herabgefallen war und ›von keiner menschlichen Waffe‹ verwundet werden konnte. Eine andere Sage beschreibt den Drachen Landon, dessen Auge keinen Schlaf kannte und der mit ›Feuer und fürchterlichem Zischen‹ kämpfte. Medea und Jason mußten, ehe sie das Goldene Vlies entführen konnten, den Drachen überlisten, den ›leuchtende Schuppen aus Eisen‹ einhüllten und der sich in Flammen wälzte.

Roboter finden wir auch in der Bibel. Was anderes mögen denn die Engel, die Lot und seine Familie retteten, ehe Sodom und Gomorrha untergingen, gewesen sein? Und was darf man sich unter den ›Armen Gottes‹, die helfend in die Schlachten der Auserwählten eingriffen, vorstellen? Im 2. Buch, Kapitel 23 berichtet Moses von einem Engel, der im Auftrag ›Gottes‹ hilfreich tätig war (Vers 20 bis 21):

»... Siehe, ich sende einen Engel vor dir
her, der dich behüte auf dem Wege, und
bringe dich an den Ort, den ich bereitet
habe.

Darum hüte dich vor seinem Angesicht,
und gehorche seiner Stimme, und erbittere
ihn nicht, denn er wird euer Übertreten nicht
vergeben, und mein Name ist in ihm ...«

Mir scheint es nur logisch, daß ein Roboter den Namen oder Geist seines Konstrukteurs ›in sich‹ hat und auch, daß er niemals von seiner Programmierung abweichen kann.

Wunderbar erschien mir als Schuljunge das Erlebnis des biblischen Jakob, das Moses im 1. Buch, Kapitel 29, Vers 12 erzählt: Als Jakob sich am Abend auf einer seiner Reisen niederlegte, sah er eine Leiter, die mit der Spitze ›an den Himmel‹ rührte und auf der ›Gottes‹ Engel hinauf und herab kletterten. Hatte Jakob vielleicht die ›göttlichen Diener‹ beim Verladen von Waren ins Raumschiff ertappt? War Jakobs wunderbares Erlebnis ein Augenzeugenbericht?

Zur Nagelprobe auf meine so kühnen Behauptungen sollte man einmal versuchsweise an allen Stellen, an denen in alten Texten von Drachen die Rede ist, den uns heute geläufigen Begriff Roboter einsetzen – es ist verblüffend, wie verständlich mit einem Mal Unverständliches wird!

Ich nehme an, daß die Thesen, die ich unterbreitet habe, auf das heftigste angegriffen werden. Fremde Intelligenzen sollen der Sodomie ein Ende bereitet haben? Von fremden Intelligenzen soll eine neue Art von Menschen erste Anweisungen für ein zivilisiertes Gemeinleben bekommen haben? Fremde Intelligenzen sollen nach verrichtetem Werk wieder ins All entschwunden sein, aber Aufpasser für ihre neuen Menschen zurückgelassen haben? Und diese Aufpasser sollen gar Roboter, Automaten gewesen sein?

Hinter Mythen, Legenden, Überlieferungen versuche

ich, eine einstmals gewesene Realität zu erkennen. Ich stelle fest:

Tibetaner und Hindus machten das Universum
zur ›Mutter‹ der irdischen Rasse.
Die Eingeborenen von Malekula (Neuhebriden)
behaupten, die erste Grundrasse der Menschen
bestünde aus Nachkommen der ›Himmelssöhne‹.
Die Indianer sagen, daß sie Nachkommen der
›Donnervögel‹ seien.
Die Inkas wollen von den ›Söhnen der Sonne‹
abstammen.
Die Rapanuileute führen ihre Genesis auf
die Vogelmenschen zurück.
Die Mayas sollen ›Kinder der Pleijaden‹ sein.
Die Germanen behaupteten, daß ihre Ahnen mit
den ›fliegenden Wanen‹ kamen.
Die Inder wollen von Indra, Gurkha oder
Bhima abstammen – alle drei fuhren mit
›Feuerschiffen‹ am Himmel.
Henoch und Elias verschwinden nach getaner
Zeugung für ewig auf ›feurigem Himmelswagen‹.
Die Südseeinsulaner wollen vom Himmelsgott
Tangalao abstammen, der in einem ungeheuren
blinkenden Ei vom Himmel niederfuhr.

Diesen Abstammungserzählungen ist *ein* Kern gemeinsam: ›Götter‹ kamen, wählten eine Gruppe aus, die sie befruchteten und von den Unreinen absonderten. Sie statteten sie mit hochmodernen Kenntnissen aus, um dann auf Zeit oder für immer zu verschwinden.

Was nach so verwirrenden neuen Überlegungen bleibt,

sagt Karl F. Kohlenberg in seinem Buch ›Völkerkunde‹:

»... das Rätsel Götter, das Rätsel der Herkunft
des Menschen, ein Wust von Überlieferungen,
deren wirklichen Sinn unser beschränktes
Wissen noch immer nicht zu deuten weiß.«

Ein wichtiger Hinweis auf das ›Rätsel Götter‹ sei mir noch gestattet. In meinem ersten Buch erwähnte ich die Relativitätstheorie, die Raketengrundgleichung sowie die Zeitverschiebungen bei interstellaren Flügen. Wir haben gesehen, daß die Zeit für die Besatzung eines Raumschiffes, welches sich knapp unter Lichtgeschwindigkeit bewegt, bedeutend langsamer vergeht als für die Zurückgebliebenen auf dem Startplaneten. Sollen wir es als Zufall betrachten, daß die ältesten Schriften unabhängig voneinander immer wieder betonen, daß für die ›Götter‹ andere Zeiteinheiten gelten als für uns?

Für den indischen Gott Vishnu bedeutet ein Menschenalter nur ›einen Augenblick‹. Jeder der legendären Kaiser der chinesischen Urgeschichte war ein ›Himmlischer Herrscher‹, fuhr mit feuerspeienden Drachen am Himmel und lebte 18 000 Erdenjahre. Ja – P'an Ku, der erste ›Himmlische Herrscher‹, gondelte bereits vor zwei Millionen zweihundertneunundzwanzigtausend Jahren im Kosmos herum, und selbst unser vertrautes Altes Testament versichert, in der Hand Gottes werde alles »... eine Zeit und zwei Zeiten und eine halbe Zeit« (Daniel 7, Vers 25) oder, wie der Psalm 90, Vers 4 es grandios formuliert:

»... denn tausend Jahre sind vor Dir wie der Tag,
der gestern verging, wie eine Nachtwache ...«

XII

FRAGEN, FRAGEN, FRAGEN ...

Wurden in den vergangenen Jahrtausenden Zeichen uralter Überlieferungen mißverstanden?

Bewegten sich unsere Deutungsversuche in eine falsche Richtung?

Betrachten wir, was seit eh und je vor unseren Augen liegt, komplizierter, als es in Wirklichkeit ist?

Wurden nüchterne praktische und technische Gebrauchsanweisungen in religiös-philosophische Mysterien umgedeutet?

Sind die Überlieferungen, die sich in Mythen und Religionen niedergeschlagen haben, vielleicht weit weniger mysteriös und viel realistischer gemeint, als man Jahrtausende hindurch glaubte?

Werden uns die spärlichen Relikte menschlicher Frühgeschichte noch rechtzeitig Auskunft geben, ehe das wenige vorhandene Material endgültig zerfressen, aufgelöst, von Bulldozern zerstört ist?

Wann werden Archäologen einen Kilometerschnitt durch die Sandsteinfelsen bei den Externsteinen im Teutoburger Wald ziehen?

Wann wird ein Expeditionskorps, unbelästigt und ohne Angst an den geheimnisumwobenen Stätten um Marib graben?

Wann werden am Toten Meer Strahlungsuntersuchungen unter Wasser mit modernen Geräten vorgenommen?

Wann werden Archäologen dem längst fälligen Gedanken folgen, wie bei der Chephren-Pyramide auch unter den Felsburgen der vielen anderen Pyramiden zu sondieren?

Wann werden in Tiahuanaco Schaufelbagger die oberste Schicht abtragen, damit wir erfahren, welche Geheimnisse sich darunter vielleicht noch verbergen?

Wie lange noch sollen wissensdurstige Einzelgänger in der Sahara ohne alle Förderungen buddeln? Wann wird man ihnen wenigstens kurzfristig Helikopter zur Durchforschung des weiten Gebietes zur Verfügung stellen?

Wann wird man endlich auf der Ebene von Nazca eine chemische Spurenanalyse durchführen?

Wie lange eigentlich noch sollen Idealisten die Ruinen in den Dschungeln von Honduras und Guatemala ›freikämpfen‹?

Wann endlich werden Tiefgrabungen in Simbabwe (Südrhodesien) durchgeführt?

Welche Weltinstitution wird bereit sein, ein kartographisches Institut zu finanzieren, das endlich die eigentümlichen geographischen und geometrischen Beziehungen klärt, die zwischen den Resten rätselhafter Frühkulturen auf verschiedenen Kontinenten bestehen?

Wird sich eine internationale Organisation, vielleicht die UNESCO, zu dem Entschluß durchringen, die abertausend Felsbilder und Höhlenzeichnungen rund um den Globus katalogisieren zu lassen?

Liegen die Schlüssel zum ›Himmelreich‹ nicht vielleicht an vielen Orten der Erde verborgen?

Waren wir Jahrtausende mit Blindheit geschlagen?

Und sind wir es noch?

Tatsächlich sagten uns die alten ›Götter‹ immer wieder, wir seien taub und blind, aber eines Tages würden wir die ›Wahrheit‹ erkennen.

Seit Menschengedenken verheißen alle Religionen, wir würden die ›Götter‹ finden, wenn wir sie nur suchten. Hätten wir sie aber gefunden, dann würden wir in den Himmel kommen und auf der Erde würde der ewige Frieden herrschen.

Warum wollen wir diese Verheißungen nicht wörtlich nehmen?

Vielleicht ist es ein Irrtum, wenn man den Begriff ›Himmel‹ als einen jenseitigen, nie endenden Glückszustand deutet. War mit dem Begriff ›Himmel‹ nicht vielleicht doch ganz real das ›Weltall‹ gemeint?

Sollten wir die ›Götter‹ und ihre hinterlassenen Botschaften nicht ganz real auf der Erde suchen, statt sie irgendwo in einer nicht bestimmbaren Ewigkeit zu erhoffen?

Haben uns diese über alle Zeiten hinweg ersehnten und angebeteten ›Götter‹ vielleicht technische Hinweise hinterlassen, die uns in den Stand setzen könnten, ihnen im Weltall zu begegnen?

Seit Beginn der Menschheitsgeschichte wurden und werden ununterbrochen irgendwo auf unserem Planeten Kriege geführt. Verhießen die ›Götter‹ deshalb Frieden auf Erden, weil sie wußten, daß die Erdbewohner unter dem Eindruck, den ein Blick aus großer Ferne auf ihren winzigen Planeten macht, alle irdischen Auseinandersetzungen als alberne Nichtigkeiten empfinden würden?

Erwarten, erhoffen die ›Götter‹, daß irdische Wesen, sobald sie den Weltraum kennenlernen, ihr anerzogenes Nationalbewußtsein verlieren und statt dessen das unendliche All als Heimat des Lebens betrachten werden?

Aus der Perspektive des Universums werden alle Menschen lediglich Bewohner des ›dritten Planeten‹ einer kleineren Sonne am Rande der Galaxis sein – und nicht Russen oder Chinesen, Amerikaner oder Europäer, Schwarze oder Weiße.

Könnte die Menschheit ihren uralten Traum, ›in den Himmel zu kommen‹, wahrmachen, wenn sie die Versprechen der ›Götter‹ einlöste? Daß die ›Götter‹ den Menschen unbegrenzte Möglichkeiten ihrer zukünftigen Entwicklungen versprachen, weiß Moses im 1. Buch 11,6: »... Dies ist erst der Anfang ihres Tuns. Nunmehr wird ihnen Nichts unmöglich sein, was immer sie sich vornehmen.«

Und wenn eines Tages die ersten Kontakte mit Intelligenzen auf anderen Planeten hergestellt sind, dann werden wir uns wie zur Zeit des Turmbaus zu Babel nur noch in einer Sprache verständigen. Die 2 976 Sprachen, die heute auf unserer Erde gesprochen werden, können dann allenfalls als landsmannschaftliche Dialekte erhalten bleiben. Wissenschaftler aus allen Ländern und auf allen Planeten werden ihre Kenntnisse in *einer* Sprache austauschen. Dann aber wird unser vertrautes und behütetes Weltbild in sich zusammenstürzen, und die junge Generation des Weltraumzeitalters wird die letzten endgültig sinnlos gewordenen nationalistischen Gefühle aus ihrem Bewußtsein tilgen.

Diese Felsmalerei aus dem Zentral-Kimberley-Bezirk in Australien stellt Wondjina dar, das mundlose mythische Wesen der Urzeit. Wondjina wurde als Personifikation der Milchstraße wie eine Gottheit vor anderen Göttern verehrt.

Schon deshalb, meine ich, sollte man mit aller gebotenen wissenschaftlichen Sorgfalt die heute noch phantastisch scheinenden Interpretationen überlieferter alter Texte und vorweisbarer steinerner Zeugnisse untersuchen. Wenn wir erst einmal alle von den ›Göttern‹ hinterlassenen Botschaften kennen, wird die leibhaftige Begegnung mit Astronauten von fremden Sternen ihren Schrecken verlieren, weil wir dann wissen, daß diese Wesen etwas mit uns gemeinsam haben: Auch sie haben irgendwann den Tag ihrer Schöpfung erlebt...

LITERATURVERZEICHNIS

(Dieses Buch ist unter außerordentlichen Bedingungen geschrieben worden. Der Verlag wird sich bemühen, hier nicht aufgeführte Werke, die dem Autor auf seinen Reisen nur kurzfristig zur Verfügung gestanden haben und deren bibliographische Daten bisher noch nicht exakt ermittelt werden konnten, bei weiteren Auflagen nachzutragen.)

Bücher

Allen, T., *Wesen, die noch niemand sah* (Lübbe, 1966)
Andreas, P. – Adams, G., *Was niemand glauben will* (Ullstein, 1967)
Ardrey, R., *Adam kam aus Afrika* (Molden, 1967)
Blavatsky, H. P., *Die Geheimlehre* (Donau-Verlag, 1888)
Blavatsky, H. P., *Die Stimme der Stille* (Ernst Pieper, 1935)
Böttcher, H. M., *Die große Mutter* (Econ, 1968)
Bogen, H. J., *Knaurs Buch der modernen Biologie* (Droemer, 1967)
Boschke, F. L., *Erde von anderen Sternen* (Econ, 1965)
Boschke, F. L., *Die Schöpfung ist noch nicht zu Ende* (Econ, 1966)
Braun, W. v., *Die bemannte Raumfahrt* (G. B. Fischer, 1968)
Brentjes, B., *Fels- und Höhlenbilder Afrikas* (Lambert Schneider, 1965)
Brion, M., *Die frühen Kulturen der Welt* (DuMont, 1964)
Camp, L. S. u. C. C. de, *Geheimnisvolle Stätten der Geschichte* (Econ, 1966)
Charroux, R., *Phantastische Vergangenheit* (Herbig, 1966)
Charroux, R., *Verratene Geheimnisse* (Herbig, 1967)
Clarke, A. C., *Über den Himmel hinaus* (Econ, 1960)
Clarke, A. C., *Im höchsten Grade phantastisch* (Econ, 1967)
Clarke, A. C., *Eine neue Zeit bricht an* (Econ, 1968)
Covarrubias, M., *Indian Art of Mexico and Central America* (Knopf, New York 1957)
Däniken, E. v., *Erinnerungen an die Zukunft* (Econ, 1968)
Danielsson, B., *Vergessene Inseln der Südsee* (Ullstein, 1955)
Disselhoff, H.-D., *Gott muß Peruaner sein* (Brockhaus, 1956)
Disselhoff, H.-D., *Alltag im alten Peru* (Callwey, 1966)

Eiseley, L., *Von der Entstehung des Lebens und der Naturgeschichte des Menschen* (Fischer Bücherei, 1969)
Eugster, J., *Die Forschung nach außerirdischem Leben* (Orell Füssli, 1969)
Faust, H., *Woher wir kommen – Wohin wir gehen* (Econ, 1967)
Frischauer, P., *Es steht geschrieben* (Droemer, 1967)
Fuchs, W. R., *Knaurs Buch der Denkmaschinen* (Droemer, 1968)
Gamow, G., *Die Lebensgeschichte der Erde* (Bruckmann, 1941)
Georg, E., *Verschollene Kulturen* (Voigtländer, 1930)
Golowin, S., *Götter der Atomzeit* (Francke, 1967)
Graul, E. H. – Franke, H. W., *Futurologie und Medizin* (in: Deutsches Ärzteblatt, Nr. 11 f., 1969)
Haber, H., *Unser blauer Planet* (DVA, 1965)
Hapgood, Ch. H., *Maps of the Ancient Sea Kings* (Chilton, Philadelphia–New York 1965)
Heberer, G., *Homo – unsere Ab- und Zukunft* (DVA, 1968)
Heinrich, H., *Die ewige Weltordnung* (Hamburger Kulturverlag, 1967)
Herodot, *Neun Bücher griechischer Geschichte* (Atlas, o. J.)
Hervé, A., *Charles de Carlo* (in: Planet 2, 1969, 69 ff.)
Heyerdahl, T., *Aku-Aku* (Ullstein, 1957)
Hoenn, K., *Sumerische und akkadische Hymnen und Gebete* (Artemis, 1953)
Homet, M. F., *Die Söhne der Sonne* (Walter, 1958)
Honoré, P., *Das Buch der Altsteinzeit* (Econ, 1967)
Jungk, R., *Die große Maschine* (Scherz, 1966)
Die Kabbala (Arkana, 1962)
Kahn, H. – Wiener, A., *Ihr werdet es erleben* (Molden, 1968)
Kohlenberg, K. F., *Völkerkunde* (Diederichs, 1968)
Kramer, S. N., *Geschichte beginnt mit Sumer* (List, 1959)
Krickeberg, W., *Märchen der Azteken und Inkaperuaner, Maya und Muisa* (Diederichs, 1928)
Krickeberg, W., *Altmexikanische Kulturen* (Safari, 1956)
Kühn, H., *Wenn Steine reden* (Brockhaus, 1966)
Lajoux, J.-D., *Wunder des Tassili n'Ajjer* (Callwey, 1967)
Leithäuser, J. G., *Die zweite Schöpfung der Welt* (Safari, 1957)
Ley, W., *Die Himmelskunde* (Econ, 1965)
Lhote, H., *Die Felsbilder der Sahara* (Zettner, 1963)
Lommel, A. u. K., *Die Kunst des fünften Erdteils* (Katalog des Staatlichen Museums für Völkerkunde, München 1959)
The Mahabharata a Criticism (The Sanskrit Book Dep., Dehli 1966)
Mahabharatam (Brockhaus, 1906)

Meissner, B., *Babylonien und Assyrien, Bd. 2* (Winters, 1925)
Menzel, R., *Adam schuf die Erde neu* (Econ, 1968)
Métraux, A., *Die Osterinsel* (Kohlhammer, 1957)
Nielsen, T., *Die letzten Geheimnisse der Erde* (Neff, 1957)
Osten-Sacken, P. v. der, *Wanderer durch Raum und Zeit* (Hirzel, 1965)
Pauwels, L. – Bergier, J., *Aufbruch ins dritte Jahrtausend* (Scherz, 1962)
Pauwels, L. – Bergier, J., *Der Planet der unmöglichen Möglichkeiten* (Scherz, 1968)
Piggott, S., *Die Welt aus der wir kommen* (Droemer, 1967)
Philbert, B., *Christliche Prophetie und Nuklearenergie* (Christiana, 1963)
Portmann, A., *Biologie und Geist* (Rhein-Verlag, 1956)
Reiche, M., *Geheimnis der Wüste* (im Selbstverlag, Stuttgart 80, Lutzweg 9)
Der Rig-Veda I–IV (Harrassowitz, 1951)
Rüegg, W., *Die ägyptische Götterwelt* (Artemis, 1959)
Sänger, E., *Raumfahrt heute – morgen – übermorgen* (Econ, 1964)
Sänger-Bredt, I., *Träumerei am Rande der Weltraumfahrt* (in: Weltraumfahrt, Beiträge zur Weltraumforschung und Astronautik, Heft 2, 1954)
Sagan, C., *Is the Early Evolution of Life Related to the Development of the Earth's Core?* (in: Nature, Vol. 206, 1965)
Saurat, Denis, *L'Atlantide et le règne des géants* (Denoël, Paris 1954)
Schenk, G., *Die Erde – Unser Planet im Weltall* (DVA, 1965)
Shapley, H., *Wir Kinder der Milchstraße* (Econ, 1965)
Shklovskii, I. S. – Sagan, C., *Intelligent Life in the Universe* (Holden-Day, San Francisco 1966)
Simon, P., *Noticias Historiales de las Conquistas de Tierra Firme en las Indias Occidentales* (Bogota 1890)
Steinbuch, K., *Falsch programmiert* (DVA, 1968)
Stone, D., *A Preliminery Investigation of the Flood Plain* (in: American Antiquity, Vol. 9, July 1943)
Strehl, R., *Der Himmel hat keine Grenzen* (Econ, 1962)
Sullivan, W., *Signale aus dem All* (Econ, 1967)
Taylor, G. R., *Die biologische Zeitbombe* (G. B. Fischer, 1969)
Teilhard de Chardin, P., *Der Mensch im Kosmos* (Beck, 1965)
Thiel, R., *Der Roman der Erde* (Neff, 1959)
Trimborn, H., *Das alte Amerika* (Fretz & Wasmuth, 1959)
Urey, H. C., *Astrophysik III: Das Sonnensystem* (Springer, 1959)

Vogt, H. H., *Außergalaktische Sternsysteme und die Struktur der Welt im Großen* (Geest & Portig, 1960)
Vogt, H. H., *Das programmierte Leben* (Albert Müller, 1969)
Watson, J. D., *Die Doppel-Helix* (Rowohlt, 1969)
Zindel, C., *Zu den Felsbildern von Carschenna* (in: Jahresbericht 1967 der Historisch-Antiquarischen Gesellschaft von Graubünden, S. 3 ff.)

Zeitschriften und Zeitungen (chronologisch)

Kampfflugzeuge vor 12 000 Jahren (in: Arbeiter-Zeitung, Wien 17. 2. 1963)
Ein Bauplan des Lebens wurde entdeckt (in: Die Zeit, 26. 3. 1965)
Die Geheimschrift des Lebens ist entziffert (in: Die Zeit, 9. 7. 1965)
Ein Funke Leben (in: Der Spiegel 18. 12. 1967)
Raumschiff vor 12 000 Jahren? (in: Sputnik, Heft 1, 1968)
Amplia Repercusión han tenido Noticias Sobre la Curiosa Planicie Cordillerana (in: La Mañana, Talca/Chile 11. 8. 1968)
El Enladrillado, un Lugar de Misterio – La Frustrada Base de los OVNI (in: El Sur, Concepción/Chile 25. 8. 1968)
Neue archäologische Entdeckung (in: El Mercurio Santiago/Chile, 26. 8. 1968)
Sensacional Hallazgoen Talca – Descubren Antigua Civilización (in: Las Ultimas Noticias, Santiago/Chile, 26. 10. 1968)
Das Alphabet des Lebens (in: Die Zeit, 26. 10. 1968)
Ein Gehirn schwebt frei im Raum (in: Abendzeitung München, 5. 4. 1969)
Baum aus der Retorte (in: Süddeutsche Zeitung, 22. 4. 1969)
Zusätzliches Gehirn macht klüger (in: Die Zeit, 25. 4. 1969)
Der schnellste Computer in Europa (in: Süddeutsche Zeitung, 25. 4. 1969)
Die maßgerechten Abwehr-Moleküle (in: Die Zeit, 25. 4. 1969)
Struktur eines Antikörpers aufgeklärt (in: Süddeutsche Zeitung, 25. 4. 1969)
Amok im Blut (in: Der Spiegel, 26. 4. 1969)
Die Sowjetsonde auf der Venus gelandet (in: Süddeutsche Zeitung, 17./18. 5. 1969)
Sintflut auf der Venus (in: Der Stern, 1. 6. 1969)
Die genetische Vernichtung durch vertauschte Chromosomen (in: Die Zeit, 23. 5. 1969)

BILDQUELLENNACHWEIS

Verlage B. Arthaud, Grenoble / A. Zettner, Würzburg, 21, 67, 91, 127, 128, 200; Verlag F. A. Brockhaus, Wiesbaden, 164; Verlag Callwey, München, 196; Göllner, 19; Pressebildarchiv Hertel, Bad Berneck, 59 (Lala Aufsberg); Internationales Bildarchiv v. Irmer, München, 76; Verlag Koehler & Amelang, Leipzig, 110; Verlag Knopf, New York, 90, 123, 159; Paolo Koch, Zürich, 80 (oben), 87, 89, 133; Herbert Kühn, Mainz, 132, 163; Linden-Museum, Stuttgart, 92; H. Liszt, 56; Andreas Lommel, München, 135; Bildarchiv Foto Marburg, 122, 125; Museum für Völkerkunde, Berlin, 31; Verlag Orbis, Prag, 137; Maria Reiche, Stuttgart, 179, 180, 182, 184, 188; Ullstein-Bilderdienst, Berlin, 80 (unten; Bodo Fischer), 215, 279; Karin Voigt, Mannheim, 53; Erich v. Däniken, 10, 61, 68, 70, 72, 74, 77, 79, 81, 84, 93, 95, 140, 177, 198, 203, 204, 206, 210, 212, 214, 216, 218.
Karten: Joseph Toman, Gütersloh.
Verfasser und Verlag danken allen, die freundlicherweise Bildmaterial zur Verfügung stellten.

REGISTER

MEXICO
Mexico
Veracruz
Mérida
Uxmal
Chichén Itzá
KUBA
JAMAIKA
Villahermosa
R. Usumacinta
Belize
Brit. Honduras
Tehuantepec
Palenque
GUA-
TEMALA
Copán
HONDURAS
Atitlán-See
Guatemala
Tegucigalpa
S. Salvador
E. SALVADOR
NICARAGUA
Managua
Kari
COSTA
RICA
S. José
Kanalzone
Panama
PANAMA
Golfo Dulce
Diquis River
PAZIFISCHER
OZEAN
Galápagos-
In.
ECUADO
Trujillo
Chincha In.
Halbinsel P